uniscope. Publikationen der SGO Stiftung

Reihe herausgegeben von

Markus Sulzberger
SGO-Stiftung
Glattbrugg, Schweiz

Weitere Bände in dieser Reihe http://www.springer.com/series/12146

Andreas P. Wenger • Norbert Thom

Die optimale Organisationsform

Grundlagen und Handlungsanleitung

2., überarbeitete und erweiterte Auflage

Springer Gabler

Andreas P. Wenger
Transforma AG
Zürich, Schweiz

Norbert Thom
Universität Bern
Bern, Schweiz

ISSN 2626-0581 ISSN 2626-059X (electronic)
uniscope. Publikationen der SGO Stiftung
ISBN 978-3-658-32715-6 ISBN 978-3-658-32716-3 (eBook)
https://doi.org/10.1007/978-3-658-32716-3

Die Deutsche Nationalbibliothek verzeichnet diese Publikation in der Deutschen Nationalbibliografie; detaillierte bibliografische Daten sind im Internet über http://dnb.d-nb.de abrufbar.

Springer Gabler

Springer Gabler ist ein Imprint der eingetragenen Gesellschaft Springer Fachmedien Wiesbaden GmbH und ist ein Teil von Springer Nature.
Die Anschrift der Gesellschaft ist: Abraham-Lincoln-Str. 46, 65189 Wiesbaden, Germany

Geleitwort

Der große, nachhaltige Erfolg der ersten Auflage des Buchs „Die optimale Organisationsform“ zeigt die ungebrochene Relevanz und die Wichtigkeit der behandelten Thematik für die Wissenschaft und die Praxis. Zusammen begonnen, hat Andreas P. Wenger, Dr. rer. pol., nach dem Hinschied im Jahre 2019 des Koautors Norbert Thom, Prof. em. Dr. Prof. h. c. et Dr. h. c. mult., die grundlegende Überarbeitung und die umfassende Ergänzung um wesentliche, neue und aktuelle Themenbereiche abgeschlossen.

Die vorliegende 2. Auflage wird auch im neuen gesellschaftlichen und unternehmerischen Umfeld Orientierung, Handlungsanweisung, Nachschlagewerk und Referenz für Experten im Fach Organisation und für verantwortliche Führungspersönlichkeiten in Unternehmen sein. Für die Wissenschaft schließt das Werk eine Lücke in den Disziplinen Organisation und Management.

Dem Autor Andreas P. Wenger gebührt großer Dank für die Vorlage dieses Werkes. Speziell zu erwähnen ist, dass es ihm damit auch gelungen ist, das hilfreiche Gedankengut und fachliche Vermächtnis von Norbert Thom aus der ersten Auflage aktuell und verfügbar zu halten. Die Schriftenreihe „uniscope“ der SGO Stiftung wird mit diesem Standardwerk bereichert und weiter ausgebaut.

Der Stiftungsrat der SGO Stiftung gratuliert Andreas P. Wenger zu seiner großen, wertvollen Arbeit sehr herzlich und wünscht dem Buch in zweiter Auflage breite Aufmerksamkeit, Beachtung bei Fachleuten bei der Lösung praktischer Problemstellungen in der Entwicklung und Auswahl optimaler Organisationsformen und Anreiz für die Wissenschaft, die Forschung in den verschiedenen Inhalten zu intensivieren.

Präsident SGO Stiftung — Markus Sulzberger,
Glattbrugg, Schweiz
Februar 2021

Vorwort

Organisation ist omnipräsent

Gibt es Tage, an denen uns die Frage nach der „richtigen“ Organisation nicht begegnet? Wohl kaum. Immer wieder organisieren wir: in Teams, im Geschäftsbereich, in unserer Agenda, aber auch mit der Familie und Freunden. Aufgrund unserer persönlichen Erfahrungen geschieht dieses „Organisieren“ meist unbewusst und intuitiv. Wir brauchen keine besonderen Leitlinien oder Hilfestellungen für die „richtige“ Organisation – solche wären nur eine unnötige Belastung.

Aufgrund ihrer beruflichen Erfahrung lösen Organisierende vielfach auch die Frage nach der effektivsten und effizientesten Organisation eines Bereichs oder eines Prozesses intuitiv. Wenn allerdings eine organisatorische Gestaltungssituation komplexer wird, müssen Erfahrungen und Intuition kanalisiert werden. Bei schwer greifbaren Entscheidungssituationen mit kaum abschätzbaren Konsequenzen, wie der Wahl einer neuen Organisationsform, kann das allgemeine Vertrauen auf die eigenen Möglichkeiten zu schwerwiegenden Fehlentscheiden für die ganze Unternehmung führen. Daher setzen auch versierte Organisierende und Führungskräfte in solchen Situationen Instrumente ein, die den Gestaltungsprozess inhaltlich und methodisch unterstützen.

Langjährige Erfahrung teilen

Solche Instrumente, die eine rationale Bewertung und Auswahl effizienter Organisationsformen ermöglichen, begleiten beide Autoren seit vielen Jahren in ihrer Forschung und Praxis. Es freut mich daher sehr, unsere Gedanken, Erkenntnisse und Erfahrungen mit dem vorliegenden Buch der Schriftenreihe „uniscope“ der SGO Stiftung in einer zweiten, maßgeblich überarbeiteten und erweiterten Auflage einem breiteren, thematisch interessierten Publikum vorzustellen. Im Vergleich zur ersten Auflage haben wir uns unter anderem mit den Auswirkungen der „VUCA“-Welt auf die Organisation und neueren, dezentralen Organisationsformen als Antwort auf die zunehmende Überforderung klassischer organisatorischer Koordinationsmechanismen auseinandergesetzt. Weiter sind wir vertieft auf die zentrale Bedeutung der relevanten Bezugsebene des Organisierens eingegangen (Ebene 1: Wille und Werte der Unternehmung, Ebene 2: Portfolio an Geschäften, Ebene 3: Geschäfte, Ebene 4: Leistungsprozesse) und haben praktische Aspekte von Organisationsanalysen verstärkt beleuchtet. Unser Ziel ist unverändert zur ersten Auflage, Ihnen mit diesem Werk Anstöße zu geben, wie die beschriebenen organisatorischen Problemstellungen sachgerecht gelöst werden können.

Herzlich danke ich Stephanie Brawand, Françoise Bruderer Thom und Oriane Capaul für die sorgfältige Durchsicht und Korrektur dieser zweiten Auflage, Carmen Odermatt für die tatkräftige Unterstützung bei der Erstellung der Abbildungen sowie dem Springer Verlag für die wertvolle Hilfe bei der Bucherstellung. Mein sehr geschätzter Ko-Autor und Mentor, Prof. Dr. Prof. h. c. Dr. h. c. mult. Norbert Thom hat sich noch tatkräftig in die Erstellung dieser zweiten Auflage eingebracht, durfte ihre Fertigstellung aber leider nicht mehr erleben. Ihm ist dieses Buch in großer Dankbarkeit gewidmet.

Zürich, Schweiz
Frühjahr 2021

Andreas P. Wenger

Inhaltsverzeichnis

Über die Autoren

Andreas P. Wenger (1968), Dr. rer. pol. Partner und Mitinhaber der Transforma AG in Zürich.

Andreas P. Wenger befasst sich wissenschaftlich und in der praktischen Anwendung seit 30 Jahren intensiv mit allen relevanten Aspekten rund um das Thema Organisation. Er ist Autor zahlreicher Schriften in diesem Bereich (schwerpunktmäßig zum Thema Konzernorganisation, Organisationsprozess und effektive und effiziente Organisationsformen) und schreibt einen Blog zu Organisationsdesign. Herausforderungen der Organisation und Reorganisation beschäftigten ihn stark in seiner beruflichen Tätigkeit, sowohl in früheren Stabs- und Managementfunktionen (Wissenschaftlicher Assistent bei Prof. Norbert Thom an der Universität Bern; Verantwortlicher für Spezialprojekte und Assistent des Divisionsleiters Energie bei der Electrowatt Engineering; Marktleiter International und Geschäftsleitungsmitglied eines Geschäftsbereichs eines Schweizer Großkonzernes) als auch in seiner Tätigkeit als Unternehmensberater für Unternehmensleitungen, Regierungen und Institutionen (Projektleiter bei Mercer Management Consulting sowie Partner und Mitinhaber von Transforma Consulting). Nebst der Beratungstätigkeit wirkt er aktiv als Präsident der Schweizerischen Gesellschaft für Organisation und Management SGO, als unabhängiger Verwaltungsrat in verschiedenen Unternehmungen und als Lehrbeauftragter der Universität Bern.

Anschrift: Rothstrasse 26, CH-8057 Zürich, Schweiz. Internet: www.transforma.ch/www.organisationsdesign.ch

Norbert Thom (1946–2019), Prof. em. Dr. Prof. h. c. et Dr. h. c. mult. Ehemals Ordinarius für Betriebswirtschaftslehre und Direktor des Instituts für Organisation und Personal der Universität Bern (IOP).

Norbert Thom hat sich mit organisatorischer Gestaltung langjährig befasst. Zunächst als Mitarbeiter und Koautor von Prof. Erwin Grochla, dem ersten Lehrstuhl-Inhaber für Organisation im deutschsprachigen Raum (Universität zu Köln). Vizepräsident zunächst der deutschen, danach der schweizerischen Gesellschaft für Organisation und Management SGO. Studien zum Berufsbild der Organisierenden in beiden Ländern. In der Schweiz zwei Professuren mit Organisationsbezug; zuerst in Fribourg, dann in Bern. Verwaltungsrat in Industriebetrieben mit internationaler Ausstrahlung. Berater von Regierungen und Unternehmensleitungen. Zahlreiche Auszeichnungen für Leistungen in der Forschung und Lehre. Seit 2012 bis zu seinem Hinschied Professor Emeritus und Senior Fellow an der Universität Bern.

Einleitung

1

Zusammenfassung

Das erste Kapitel beleuchtet, warum die Bewertung und Auswahl effizienter Organisationsformen ein essenzielles Thema der organisatorischen Gestaltung ist, vermittelt einen Überblick über die Struktur des Buches und gibt Empfehlungen zur Lektüre.

1.1 Herausforderung Organisation

Am Anfang der Bewältigung unternehmerischer Herausforderungen steht die Definition der angestrebten Ziele und die Ausarbeitung passender Strategien. Ziele und Strategien schaffen Orientierungspunkte, indem sie die Richtung weisen und Handlungsanleitungen zum generellen Vorgehen geben. Dies gilt für jede denkbare Unternehmungsebene: von der Gesamtunternehmung zu den Geschäftsbereichen bis hin zu den operativen Einheiten, aber auch für ganze Funktionsbereiche und für einzelne Projekte.

Dies gilt zudem auch für *Institutionen und Non-Profit-Organisationen*. Ganz generell sind die in diesem Werk vorgestellten Überlegungen, Methoden und Instrumente in sinnvoller Anpassung auch auf sie anwendbar.

Korrekt hergeleitete Ziele und passende Strategien lösen die anstehenden Probleme nicht per se: Die beste Strategie taugt nichts, wenn sie nicht in der Unternehmung verankert wird. Wesentlich für den Erfolg ist es, die unternehmerischen Ressourcen (Ressourcen im weitesten Sinne: materielle, systemisch-instrumentelle, immaterielle und personelle Ressourcen, vgl. Wenger und Thom 2005, S. 66.) so rasch als möglich in die gewünschte Richtung zu lenken. Über Erfolg oder Misserfolg entscheiden oftmals Zeitpunkt, Art und Konsequenz der internen Umsetzung, lange bevor die ersten Aktivitäten am Markt greifen. In einer unternehmerischen bzw. institutionellen Neuausrichtung ist die Phase der Umsetzung damit von ausschlaggebender Bedeutung.

A. P. Wenger, N. Thom, *Die optimale Organisationsform*, uniscope. Publikationen der SGO Stiftung, https://doi.org/10.1007/978-3-658-32716-3_1

Organisatorische Fragestellungen zwischen Strategie und Umsetzung

Zu den wichtigsten Problemzonen, die es an der Schnittstelle zwischen Strategie und Umsetzung anzupacken gilt, gehören organisatorische Fragestellungen. Denn es ist die Organisation, die mit ihren Regelungen eine zielgerichtete, effektive und effiziente Leistungserstellung der Unternehmung ermöglicht (vgl. hierzu die Definitionsansätze der Organisation in Abschn. 3.1).

Den Führungskräften stellen sich in diesem Zusammenhang Fragen, die weitreichende Konsequenzen haben können:

- Fallen neue Tätigkeiten an? Wenn ja: Wo in der Unternehmung bzw. in der Institution sollen diese am besten angesiedelt werden?
- Fallen Tätigkeiten weg? Wenn ja: Müssen die verbleibenden neu gebündelt werden?
- Ist die Definition neuer Kernprozesse nötig? Oder ist die Anpassung der alten ausreichend?
- Sind in der Unternehmung bzw. der Institution genügend koordinierende Mechanismen wirksam oder sind Zusätzliche zu etablieren?
- Sind die Verantwortlichkeiten neu zu regeln, um den Durchgriff zu gewährleisten?
- Ist die Balance zwischen Zentralisation und Dezentralisation zu überdenken?
- Sind die Leistungsprozesse verstärkt auf Ressourceneffizienz oder Beweglichkeit auszurichten?
- Sind die Führungssysteme anzupassen?
- etc.

Passt die Organisationsform (noch)?

Manchmal können die im Rahmen einer unternehmerischen oder institutionellen Neuausrichtung anfallenden organisatorischen Probleme mit punktuellen Maßnahmen gelöst werden. Beispiele sind die Schaffung von koordinierenden Gremien, das Einrichten interdisziplinärer Projektgruppen oder die Prozessoptimierung in einzelnen Leistungsbereichen. Oftmals zeigt sich aber bei der Beantwortung der oben genannten Fragen, dass ein umfassender Ansatz nötig ist, weil die bis anhin geltende Organisation das Erreichen der Unternehmungsziele nicht mehr oder nicht mehr effizient ermöglicht. *Ist dies der Fall, hat die Wahl einer neuen Organisationsform zentrale Bedeutung*. Die Leitung der Unternehmung bzw. der Institution sucht in einer solchen Situation diejenige Struktur, die den spezifischen Verhältnissen am besten entspricht: Im Fokus steht die optimale Lösung für den konkreten Einzelfall. Dabei wird sie von Organisationsspezialistinnen und -spezialisten unterstützt, welche die nötigen Fachkenntnisse und Erfahrungen in den Organisationsprozess einbringen.

Suchen einer passenden Organisationsform: Ein kritischer Moment!

Für eine Unternehmung bzw. eine Institution ist dieser Moment sehr kritisch. In kaum einer anderen Situation ist die Gefahr so groß, dass politische Interessen und Machtansprüche die sachlich-logischen Argumente zu übersteuern drohen. Gerade weil dem Aufbau organisatorischer Strukturen auf oberster Ebene die Bedeutung eines *zentralen Instruments der Unternehmungssteuerung* zukommt, ist mit Machtausübung zu rechnen.

Diese Überlegungen illustrieren eine der größten Herausforderungen in jedem Organisationsprozess und in jeder Organisation: Der *Mensch, der Förderer und Unterstützer, aber auch Verhinderer von Veränderungen sein kann.* Gleichzeitig kann er *das gute Funktionieren organisatorischer Lösungen fördern oder untergraben.* Seine Präferenzen und Verhaltensmuster sind vielschichtig und verändern sich über die Zeit, was sowohl Organisationsprozesse als auch gewählte Organisationsformen beeinflusst. So werden heute beispielsweise andere Organisationsmodelle diskutiert als dies vor zwanzig Jahren der Fall war (vgl. dazu Abschn. 6.7). In dem von uns vorgeschlagenen Vorgehen zur Bestimmung optimaler Organisationsformen kommen wir immer wieder auf die Berücksichtigung solch subjektiver Einflüsse zurück und behandeln sie als wesentliche, transparent darzustellende Variable.

Es geht aber nicht nur um die Sicherung oder Vermehrung von Einfluss und individuellen Präferenzen der am Organisationsprozess beteiligten Menschen. Die Ausprägung der Rahmenstruktur beeinflusst auch die strategische Orientierung der Unternehmungsführung in hohem Maße. So wird beispielsweise definiert, welche externen Probleme hauptsächlich wahrgenommen und in welcher Rangfolge sie abgearbeitet werden.

Wir zählen die *Auswahl eines Organisationsrahmens daher zu den bedeutendsten organisationspolitischen Entscheidungen.* Wird diese Wahl vor dem skizzierten Hintergrund nicht mit der nötigen Sorgfalt angegangen, so sind Probleme mannigfaltiger Art vorprogrammiert.

Vorgehen zu einer neuen Organisationsform

Ist eine neue Organisationsform nötig, stellt sich dem Management und den unterstützenden Organisationsspezialisten mit besonderem Nachdruck die Frage, wie am besten vorgegangen werden soll:

- Welche Vorgehensschritte sind zweckmäßig?
- Welche Instrumente und Techniken stehen zur Verfügung?
- Wo liegen die alternativen Gestaltungsmöglichkeiten?
- Welche Auswahlkriterien sind einzusetzen?
- Wie kann Nachvollziehbarkeit und Transparenz des Prozesses gewährleistet werden?
- Wie soll mit Widerständen umgegangen werden?
- etc.

Erschwerend kommt hinzu, dass die Organisierenden und Organisationsspezialistinnen längst nicht alle zur Verfügung stehenden Informationen in der gebotenen Zeitspanne verarbeiten können. Sie besitzen weder einen Überblick über alle möglichen Gestaltungsalternativen noch kennen sie deren Bedingungen und Konsequenzen vollständig. Die Führungskräfte sind zur Selektion, Reduktion und zu Vereinfachungen gezwungen. Wie Entscheidungen generell, bergen ganz besonders organisatorische Entscheidungen der genannten Tragweite Risiken, weil sie in die Zukunft gerichtet sind, aber im Jetzt und mit den aktuell zur Verfügung stehenden Informationen gefällt werden müssen (vgl. Zwygart 2007, S. 15).

Organisatorische Entscheidungen sind damit typische Situationen, die nach einem möglichst rationalen Ansatz der Entscheidungsfindung verlangen: Sie sind üblicherweise mit einer großen emotionalen Belastung der Entscheidungsträger und Entscheidungsträgerinnen verbunden, werden in der Regel auf einer hohen Hierarchiestufe entschieden, weisen eine große Komplexität sowie eine hohe Unsicherheit auf (zur Bedeutung intuitiver und rationaler Anteile in Entscheidungssituationen vgl. Zwygart 2007, S. 25).

Kann die Organisationsforschung Antworten geben? Ja und nein: Obwohl die Organisationslehre zu den am längsten entwickelten Teilen der Betriebswirtschafts- und Managementlehre gehört, ist die Frage der Auswahl und Bewertung umfassender Organisationskonzepte eines der immer noch offenen Gebiete der organisatorischen Gestaltung. Das Grundproblem liegt darin, dass die Organisationsstruktur auf der einen Seite als unmittelbares Instrument zur Verwirklichung oberster Unternehmungsziele und -strategien betrachtet wird. Auf der anderen Seite ist der direkte Beitrag der Organisationsstruktur zur Erreichung dieser Ziele und Strategien aber nur äußerst schwer messbar.

Hilfe für die Gestalter und Gestalterinnen organisatorischer Strukturen
Trotz der angedeuteten Schwierigkeiten leistet die betriebswirtschaftliche Organisationslehre wertvolle Beiträge. Zur Unterstützung der Verantwortlichen für die Gestaltung sind mittlerweile einige organisatorische Instrumente, Techniken und Verfahren entwickelt worden. Wie beispielsweise das von den Verfassern in diesem Buch vorgestellte Instrumentarium zur Bewertung und Auswahl effektiver und effizienter Organisationsformen. Der Beitrag dieser Hilfsmittel liegt darin, dass sie die sachlich-inhaltliche Problembewältigung fördern und helfen, einen möglichst rationalen Vorgehensprozess zu verfolgen.

Auch wenn die Hilfestellungen unter dem Vorbehalt stehen, dass der aktuelle Erkenntnisstand eine wissenschaftliche Fundierung der organisatorischen Gestaltung nur begrenzt ermöglicht (vgl. Grundei 2012, S. 7; Wolf 2013, S. 50 ff.), macht die Forschung kontinuierlich Fortschritte. Diese gilt es so schnell wie möglich aufzugreifen und für die Praxis fruchtbar zu machen. In einem Umfeld, das durch Umbrüche, Dynamisierung und Diskontinuitäten gekennzeichnet ist, sind aktuelle und robuste Handlungsanregungen besonders gefragt. Für die Beurteilung der Effizienz von Organisationsformen haben wir daher auch neuere Aspekte aufgegriffen, wie sie aus ressourcenorientierten Überlegungen resultieren. Für eine sachgerechte Evaluation von Organisationsstrukturen betrachten wir ihren Einbezug in die zeitgemäße Unternehmungsführung als unumgänglich.

1.2 Übersicht und Hinweise für Lesende

Dieses Buch ist eine Mischung aus direkt im unternehmerischen Alltag einsetzbaren Hilfestellungen und der Beleuchtung von Hintergründen, die dem Verständnis effektiver und effizienter Organisationen dienen. Dementsprechend sind die einzelnen Kapitel unterschiedlich strukturiert.

Hilfsmittel für Lesenden

Zur Vereinfachung der Lektüre und besseren Orientierung für Lesende[1] verwenden wir verschiedene Hilfsmittel:

- **Themenlandkarte:** Sie verdeutlicht hier den Aufbau des Buches und zeigt die Grobzusammenhänge zwischen den Kapiteln. Auf die Themenlandkarte wird immer wieder Bezug genommen (siehe Abb. 1.1).

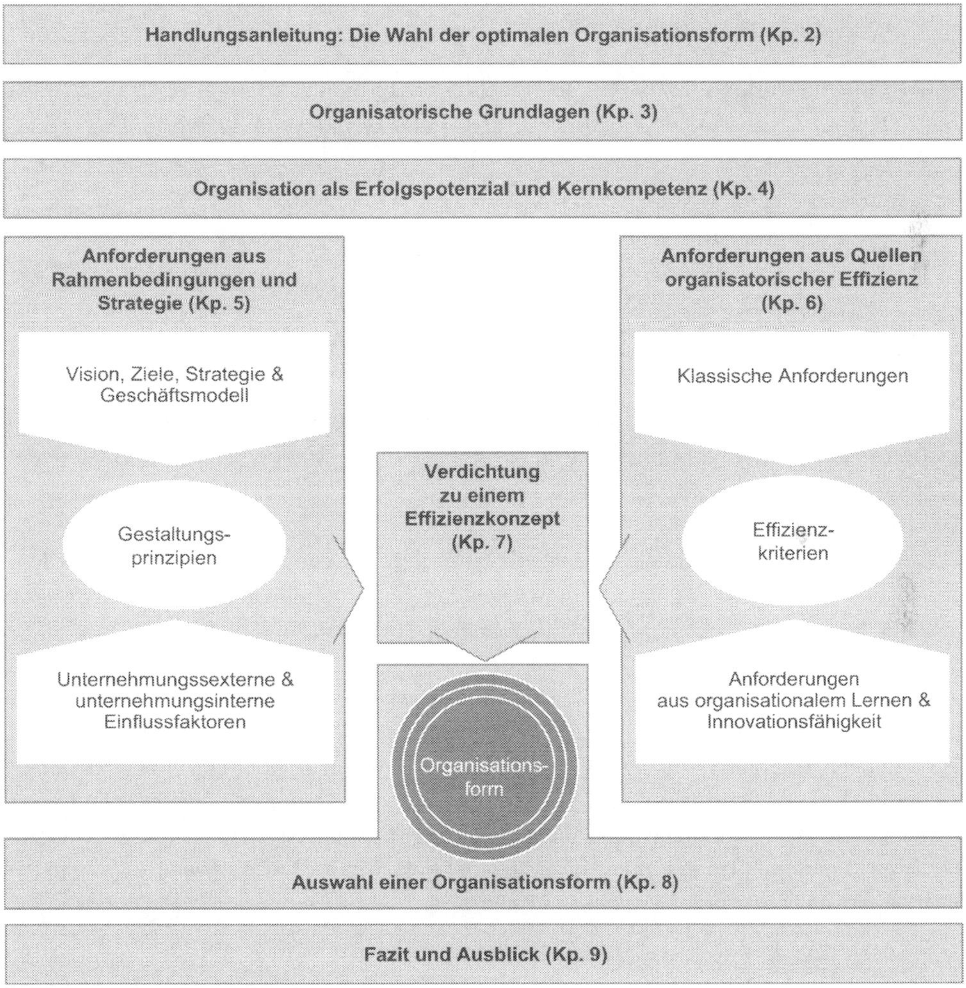

Abb. 1.1 Themenlandkarte

[1] Wo immer möglich, wählen wir geschlechtsneutrale Formulierungen. Wo dies nicht der Fall ist, beinhaltet die männliche immer auch die weibliche Form und umgekehrt.

- **Kurze Inhaltsangabe:** Zu Beginn jedes Kapitels vermittelt eine Zusammenfassung die wesentlichen Themen der folgenden Seiten. Eine verkleinerte Darstellung der Themenlandkarte erleichtert die Positionierung der Kapitel im Gesamtzusammenhang zusätzlich.
- **Charakterisierung der Kapitel:** Sie zeigen den Schwerpunkt der Kapitel und den Hauptnutzen für die Lesenden. Wir unterscheiden zwischen:
  - Praxisanleitungen: Kap. 2 und 8
  - Grundlagen: Kap. 3
  - Vertiefende Erläuterungen: Kap. 4, 5, 6 und 7.

▶ **Begriffserklärungen** *Sie präzisieren und verdeutlichen bestimmte im Haupttext beschriebene Sachverhalte mit Begriffsdefinitionen und vertiefenden Ausführungen.*

Empfehlungen zum konkreten Vorgehen
Unsere Erfahrungen in der praktischen Anwendung des dargestellten Instrumentariums haben wir, wo immer sinnvoll, als Vorgehensempfehlungen festgehalten.

Beispiele

Sie illustrieren einige im vorliegenden Werk beschriebene Elemente mit erläuternden Beispielen aus der betrieblichen Praxis. ◀

Literaturhinweise
Nach Kap. 3, 4, 5 und 6 finden sich jeweils Hinweise auf Artikel und Werke, die wir interessierten Lesenden zu den behandelten Themenbereichen empfehlen. Unmittelbar daran anschließend folgt jeweils pro Kapitel das Literaturverzeichnis mit den im entsprechenden Kapitel zitierten Quellen.

Aus Gründen der besseren Lesbarkeit und stärkeren Praxisorientierung haben wir auf den nachfolgenden Seiten vielfach auf eingehende wissenschaftliche Hinweise und Herleitungen verzichtet (lückenlos sämtliche ursprünglichen Quellen, auf deren Dokumentation hier teilweise verzichtet wurde, finden sich in Thom und Wenger 2000: Bewertung und Auswahl effizienter Organisationsformen). Stattdessen präsentieren wir zum besseren Verständnis erläuternde Einschübe und Schaubilder. Direktverweise auf Quellen werden nur sparsam eingesetzt, ebenso Zitate.

Literatur

Grundei, Jens. 2012. Organisations-Controlling. Idee – Aufgaben – Konzeption. In *Organisations-Controlling, Band 1 GoBS-Schriften für Wirtschaft und Verwaltung*, Hrsg. Jens Grundei, Oliver Pulcher, Ludger Becker und Norbert Stöhr, 5–20. Essen: MA Akademie Verlags- und Druck-Gesellschaft.

Thom, Norbert, und Andreas P. Wenger. 2000. *Bewertung und Auswahl effizienter Organisationsformen. Die effiziente Organisationsstruktur als Kernkompetenz. Arbeitsbericht, Nr. 39 des Instituts für Organisation und Personal der Universität Bern.* Glattbrugg: SGO.

Wenger, Andreas P., und Norbert Thom. 2005. *Organisationsarbeit – eine Tätigkeit im Wandel.* Glattbrugg: SGO.

Wolf, Joachim. 2013. *Organisation, Management, Unternehmensführung*, 5. Aufl. Wiesbaden: Springer Gabler.

Zwygart, Ulrich. 2007. *Wie entscheiden Sie? Entscheidungsfindung in schwierigen Situationen – mit Fallbeispielen von Hannibal über John F. Kennedy bis Jack Welch*, 2. Aufl. Bern/Stuttgart/Wien: Haupt.

Handlungsanleitung: Die Wahl der optimalen Organisationsform

2

Zusammenfassung

Das zweite Kapitel zeigt in geraffter Form, wie die Bewertung und Auswahl effektiver und effizienter Organisationsformen vorgenommen werden. Es ist ein praxisorientierter Leitfaden, in welchem die wichtigsten Schritte erläutert werden, die wir in den anschließenden Kapiteln vertiefen. Entsprechend finden sich laufend Verweise auf spätere Stellen, wo die Gedankengänge in ihrer Gesamtheit aufgeführt sind.

Charakterisierung des Kapitels: Praxisanleitung
Positionierung auf der Themenlandkarte:

A. P. Wenger, N. Thom, *Die optimale Organisationsform*, uniscope. Publikationen der SGO Stiftung, https://doi.org/10.1007/978-3-658-32716-3_2

2.1 Was von Anfang an wichtig ist

Wer schon wiederholt Reorganisationen erlebt hat, stellt bei einer kritischen Reflexion fest, dass die eigentliche Bewertung und Auswahl einer neuen Organisationsform nicht selten eher beiläufig erfolgt.

Das Entstehen untauglicher Organisationsformen

Während für die Erarbeitung der neuen Ziele und Strategien viel Energie für Analysen und Diskussionen aufgewendet wird, ist die Verankerung in neuen Organisationsformen oftmals erstaunlich rasch beschlossen. In besseren Fällen werden durch die entscheidenden Personen am runden Tisch mögliche Lösungen diskutiert und intuitiv ihre Vor- und Nachteile gegeneinander abgewogen. In schlechteren Fällen wird direkt mit dem Zeichnen des Organigramms begonnen. Dass viele dieser Konstrukte bereits nach kurzer Zeit angepasst werden müssen oder sich sogar als untauglich erweisen, erstaunt erfahrene Organisierende nicht.

Es ist daher wichtig, dass die Bewertung und Auswahl von Organisationsformen *bewusst und frühzeitig in jeden Veränderungsprozess einbezogen werden. Bewusst* heißt, dass der Prozess der organisatorischen Gestaltung (zum Prozess der organisatorischen Gestaltung vgl. Abschn. 3.4), in dem die Bewertung und Auswahl ein entscheidender Teilschritt ist, transparent festgelegt und seine Inhalte und Schritte in den Gesamtprozess integriert werden. *Frühzeitig* heißt, dass dieser Einbezug bereits im Rahmen der Ziel- und Strategiedefinition initiiert wird. Dies gilt ganz besonders für die Geschäftsebene, wo in der Geschäftsmodellierung organisatorische Kernelemente und Themenstellungen zentrale Bestandteile sind (vgl. zum Verhältnis von Strategie und Organisation Abschn. 4.1, 4.2 und 4.5).

Empfehlungen

- Wählen Sie bei Veränderungsinitiativen bewusst einen Ansatz, der die Organisationsfrage sehr früh thematisiert. Sie sichern damit eine nachhaltige Umsetzbarkeit und vermeiden kostspielige Doppelarbeiten.
- Legen Sie die dazu erforderlichen Schritte, Methoden und Instrumente sowie die verantwortlichen Personen eindeutig fest und lassen Sie diese von den relevanten Entscheidungsträgern und Entscheidungsträgerinnen bestätigen. Dies gibt Ihnen Rückhalt im anstehenden Veränderungsprozess.
- Ziehen Sie Organisationsspezialistinnen und -spezialisten bei, die Sie mit dem nötigen fachlichen Wissen und viel Erfahrung in Organisationsprozessen unterstützen können.
- Denken Sie daran, dass jede Veränderung unweigerlich Widerstände in der Unternehmung hervorruft, mit denen Sie umgehen müssen. Sabotage kennt viele Formen und Ausdrucksweisen und kommt manchmal von unerwarteter Seite. Bereiten Sie sich gezielt darauf vor.

2.2 Sorgfältige Charakterisierung der Situation

Einflussfaktoren auf Effizienz und Qualität des organisatorischen Gestaltungsprozesses
Die frühzeitige Beachtung der Phasen des organisatorischen Gestaltungsprozesses ist nicht nur für die Güte des organisatorischen Endergebnisses von Bedeutung. Sie erlaubt auch, die *organisatorische Gestaltung effizienter durchzuführen*: Mit den Erkenntnissen, welche für die Strategiedefinition durch die externe Umfeldanalyse und interne Unternehmungsanalyse gewonnen werden, lassen sich gleichzeitig die spezifische Situation der organisatorischen Gestaltung charakterisieren.

Dazu gehört auch das Erkennen, auf welcher Bezugsebene der Unternehmung organisiert werden soll (Ebene von Wille und Werten der Unternehmung, Ebene des Portfolios an Geschäften, Ebene der Geschäfte, Ebene der Leistungsprozesse, vgl. Abschn. 5.4). So wird als Basis die nötige *Transparenz* geschaffen (zur Charakterisierung der Gestaltungssituation vgl. detailliert Kap. 5). Es entsteht ein *Bezugsrahmen*, der die relevanten externen und internen Einflussfaktoren wie in Abb. 2.1 dargestellt strukturiert abbildet:

Notwendigkeit eines Bezugsrahmens
Die sorgfältige Charakterisierung der relevanten Situation zu Beginn des Gestaltungsprozesses durch eine umsichtige Identifikation der jeweiligen Merkmale, deren Relevanzbeurteilung und ihre Zusammenführung in einem Bezugsrahmen, ist entscheidend für die Qualität der Lösung. Wird kein Bezugsrahmen erstellt, drohen die Unterdrückung wesentlicher Faktoren und Einflüsse. Dies kann bei der anschließenden organisatorischen Gestaltung weitreichende, negative Auswirkungen haben. Zudem erleichtert ein guter Bezugsrahmen auch eine strukturierte und effiziente Beurteilung des Ist-Zustandes (Diagnose).

Empfehlungen

- Stellen Sie sicher, dass für die strukturierte Darstellung der relevanten Situation in einem Bezugsrahmen ein transparentes Vorgehen gewählt wird.
- Planen Sie dafür genügend Zeit ein, auch wenn der Zusammenhang mit dem „Endprodukt“ (= die neue Organisation) nicht unmittelbar erkennbar ist. Aufgrund des Zeitbedarfs (und den damit verbundenen Kosten) steht die Ist-Analyse in der Praxis oft unter Druck (vgl. hierzu die aufschlussreichen empirischen Erkenntnisse von Worren et al. 2019, S. 7 f.). Kommunizieren Sie klipp und klar, dass Klarheit im Fundament essenziell für den Erfolg ist.
- Machen Sie die Entscheidungspersonen zumindest mit den Überlegungen und Schlussfolgerungen vertraut, um sie für die Komplexität des organisatorischen Entscheides zu sensibilisieren. Noch besser ist es, sie direkt in die Erarbeitung von Kernaspekten der Situationsdarstellung zu integrieren.

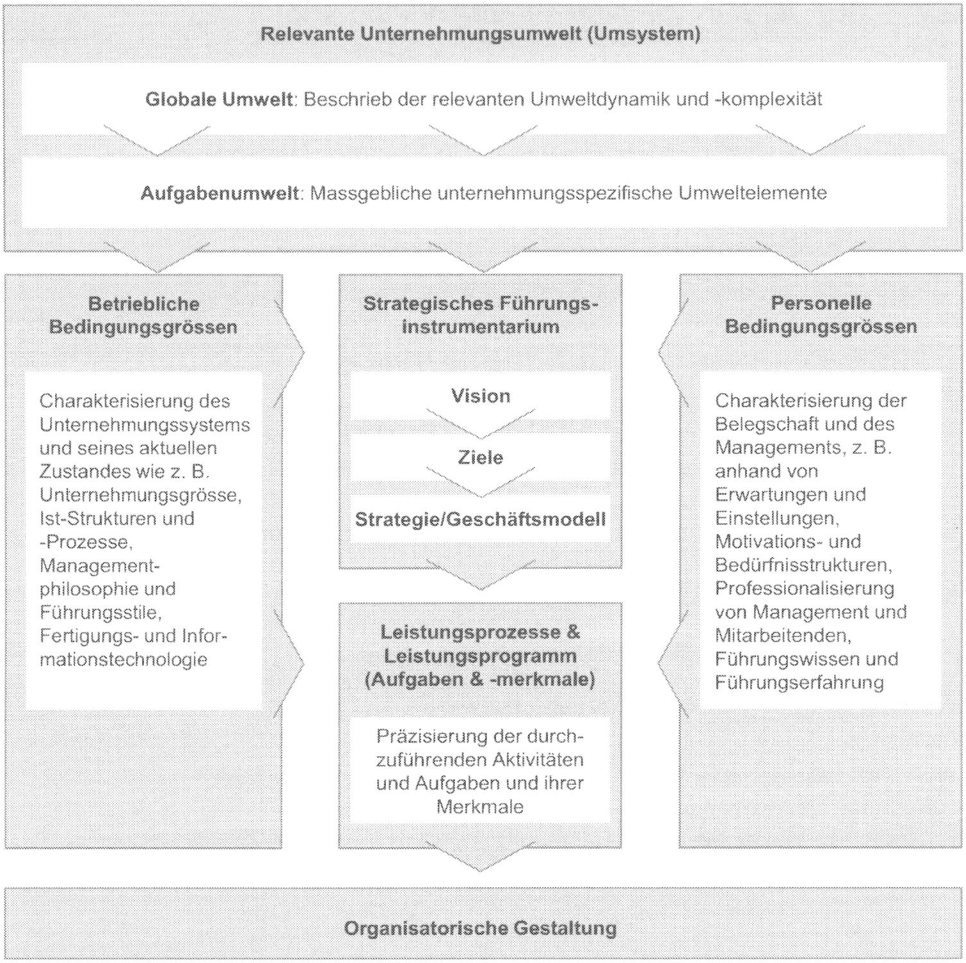

Abb. 2.1 Vereinfachter Bezugsrahmen für die organisatorische Gestaltung

2.3 Bestimmung von Gestaltungsprinzipien (Design-Kriterien)

Welche Probleme soll die neue Organisation lösen?

Wurde ein Bezugsrahmen erstellt, wird die Generierung von Alternativen für die organisatorische Gestaltung maßgeblich erleichtert. Am besten werden die Ansprüche an die neue Struktur im nächsten Schritt in *Gestaltungsprinzipien (Design-Kriterien)* gebündelt (zu den Gestaltungsprinzipien vgl. im Detail Abschn. 5.5.2). Gestaltungsprinzipien sind klar fassbare Grundsätze, die verdeutlichen, was die neue Organisation leisten muss und welche Probleme durch sie zu lösen sind. Quelle der Entwicklung solcher Prinzipien ist die im Bezugsrahmen beschriebene relevante Situation der Unternehmung und deren Beurteilung.

Was muss die Organisation leisten?
Durch die Gestaltungsprinzipien entsteht ein „*Anforderungsprofil*", das eine *gezielte Generierung von Gestaltungsalternativen* ermöglicht. *Gezielt* heißt, dass die denkbaren Kombinationen der organisatorischen Handlungsgrößen Arbeitsteilung, Koordination und Konfiguration frühzeitig situativ eingegrenzt werden (zu den organisatorischen Handlungsgrößen vgl. Abschn. 3.2). Konkret bedeutet dies, dass die Organisierenden in der Phase 3 (Generierung von Gestaltungsalternativen vgl. Abschn. 3.4) des organisatorischen Gestaltungsprozesses nur jene Organisationsalternativen zulassen, die das aufgestellte Anforderungsprofil erfüllen.

Empfehlungen
- Bestehen Sie bei der Bestimmung der Gestaltungsprinzipien bzw. der Design-Kriterien unbedingt auf den Einbezug der für die organisationspolitischen Entscheidungen in der Unternehmung relevanten Verantwortlichen. Damit zwingen Sie die Verantwortlichen, sich verbindlich auf die gewünschte Zielrichtung der Reorganisation einzuschwören. Dies ist nicht immer einfach, weil spätestens hier politische Überlegungen an die Oberfläche drücken. Bestehen Sie darauf! Sie bereuen es sonst später.
- Wichtige Hinweise für die Formulierung der relevanten Gestaltungsprinzipien finden Sie im Rahmen einer kritischen Diskussion des Ist-Zustandes und allfälligen Vorstellungen zum Soll-Zustand.
- Fassen Sie die Gestaltungsprinzipien nach ihrer Erarbeitung in einem prägnanten Kernsatz zusammen. Dieser kann im weiteren Prozess als Vision für die organisatorische Gestaltung genutzt werden.
- Die Moderation und fachliche Unterstützung durch einen externen Experten/eine externe Expertin kann – je nach Kontext – die Qualität und Legitimität der Gestaltungsprinzipien erhöhen.

2.4 Gezielte Generierung von Alternativen

Kreative Kombination der organisatorischen Aktionsparameter
Nun können in einem kreativen Suchprozess jene organisatorischen Alternativen (als spezifische Kombination der organisatorischen Handlungsgrößen bzw. der Aktionsparameter Arbeitsteilung, Koordination und Konfiguration, vgl. Abschn. 3.2) entworfen werden, die prima Vista den definierten Gestaltungsprinzipien genügen. Es empfiehlt sich, nebst der Ist-Organisation mindestens zwei unterschiedliche organisatorische Lösungen zu generieren und im Hinblick auf die spätere Effizienzbewertung zu dokumentieren.

Gestaltungsprinzipien bzw. Design-Kriterien als Maßstäbe der Effektivität
Der Einsatz von Gestaltungsprinzipien entlastet nicht zuletzt den anschließenden Bewertungs- und Auswahlprozess: Es gelangen nur solche Organisationsformen zur Evaluation, *die an und für sich zur Situation passen*. Die Gestaltungsprinzipien sind damit Maßstäbe

zur Beurteilung der *Effektivität* einer Organisationsform (zur Unterscheidung von Effektivität und Effizienz vgl. Abschn. 3.5 und 3.6).

Im Hinblick auf eine Erfolgskontrolle im Rahmen eines *Organisationscontrollings* (vgl. dazu Abschn. 2.7) stellen die Gestaltungsprinzipien die *Effektivitätsziele* für die Reorganisation bzw. für die neue Organisation dar.

Empfehlungen

- Oftmals fokussieren Entscheidungsträger und Entscheidungsträgerinnen frühzeitig auf ein präferiertes Organisationsmodell (vgl. dazu auch die empirischen Erkenntnisse von Worren et al. 2019, S. 8 ff.). Unterbinden Sie diesen Drang: Ein gutes Ergebnis bedingt den sorgfältigen und methodischen Vergleich mehrerer Optionen.
- In dieser Phase des Organisationsprozesses wird die interne Politik fast immer zum Thema, ja es brechen nicht selten sogar offene Verteilungskämpfe um Macht und Ressourcen aus. Kommunizieren Sie die Vorteile eines fundierten methodischen Vorgehens und halten Sie sich an die vorgesehenen Schritte, fordern Sie Transparenz ein und sprechen Sie „Störmanöver" offen an.
- Achten Sie darauf, dass die Beteiligten mit den Alternativen in die Zukunft denken und nicht nur heutige Vorstellungen, Zustände und Rahmenbedingungen einfließen lassen.
- Vergessen Sie bei den Alternativen den Status Quo nicht! Im folgenden Evaluationsprozess bildet er die willkommene Vergleichsbasis zur Beurteilung neuer Lösungen.

2.5 Bestimmung der relevanten Effizienzkriterien

Zur Bewertung der grundsätzlich in Frage kommenden organisatorischen Alternativen (vgl. Abschn. 2.4) hinsichtlich ihrer Effizienz ist zuerst das Festlegen entsprechender *Bewertungskriterien* nötig. Die Bestimmung dieser Effizienzkriterien ist nicht zu unterschätzen.

Anforderungen an Effizienzkriterien

So sollten sie

- die *grundlegenden Effizienzkategorien berücksichtigen* (vgl. Abschn. 6.2),
- sich auf die *interessierenden Aspekte beziehen*,
- in praktischen Bewertungsvorgängen *verwendbar* sein
- und die Unterschiede zwischen den verschiedenen Alternativen *deutlich aufzeigen*.

Im Interesse eines qualitativ hochstehenden Ergebnisses des Bewertungsprozesses empfehlen wir daher, zur Bestimmung der Effizienzkriterien unbedingt die Erkenntnisse der Organisationsforschung zu nutzen. Der in Tab. 2.1 dargestellte (hier nicht kommentierte) Kriterienkatalog bietet entsprechende Hilfestellungen (zum Effizienzkonzept vgl. ausführlich Kap. 7).

Tab. 2.1 Effizienzkonzept im Überblick (1)

Nr.	Effizienzkriterien	Unterkriterien
1	Zielorientierung der Organisation	• eindeutiger Zielbezug aller Stellenaufgaben • Einhaltung des Kongruenzprinzips • Aufgabenerfüllung: sach-/problemnah, zielbezogen
2	Förderung der Führbarkeit und Begrenzung des Koordinationsaufwandes	• aufwandsgünstige Gliederungstiefe (Anzahl Führungsebenen) und -breite (Leitungsspanne) • optimierte Anzahl, Art und Ebene von Schnittstellen mit Kooperationsnotwendigkeit, angepasste horizontale Koordinationseinrichtungen
3	Schnelligkeit und Qualität der Informationsverarbeitungs- und Entscheidungsprozesse	• für Zeitbedarf und Problemlösungsumsicht gleichermaßen günstige Zahl beteiligter Aktionseinheiten • eindeutige Regeln zur Prioritätensetzung und zielbezogenen Konfliktlösung
4	Handlungs-, Anpassungs- und Innovationsfähigkeit der Organisation	• Fähigkeit zur anforderungsgerechten, friktionsarmen organisatorischen Rekonfiguration auf Änderungen • optimaler Zentralisationsgrad von Aktions- und Reaktionsentscheidungen • angepasstes Ausmaß formaler Regeln (Regelungsdichte) • angemessene Offenheit der Primärstruktur für Sekundär- und temporäre Ergänzungsstrukturen (z. B. Projektorganisation)
5	Förderung der organisatorischen Lernfähigkeit (Kompetenzbündelungseffizienz)	• einfache ebenen-, bereichs-, funktions- und systemgrenzen-übergreifende Informations-, Kommunikations- und Kontaktmöglichkeiten • Durchlässigkeit der Strukturen (personelle Mobilität) • Fähigkeit zur Bündelung spezifischer Wissenspotenziale
6	Förderung der sozialen Effizienz und individuellen Lernfähigkeit	• abschließende, ganzheitlich integrierte Bearbeitung einer Aufgabe innerhalb eines Subsystems • Eindeutigkeit der personellen Zuordnung • ausreichende Kompetenz- und Verantwortungsspielräume (Autonomie) mit angemessener Fehlertoleranz • günstige stellenbezogene Entwicklungsmöglichkeiten für Personen mit Führungsrollen

Die Zusammenstellung in Tab. 2.1 ist nicht erschöpfend. Es ist Aufgabe der Organisierenden, Kriterien zu ergänzen und/oder zu substituieren (z. B. bezüglich der Realisierbarkeit der beurteilten Organisationsalternativen, vgl. weiter unten Abschn. 2.6), damit der Katalog möglichst gut zur konkreten Situation passt.

Interdependenzen zwischen Effizienzkriterien

Ein achtsames Auge ist auf existierende Interdependenzen zu werfen (zu Interdependenzen vgl. Abschn. 7.4). In jedem Fall sind die schließlich einzusetzenden Effizienzkriterien zu dokumentieren und zu erläutern. Dies umso mehr, weil sie im Rahmen des *Organisationscontrollings* (vgl. dazu Abschn. 2.7) ex post herangezogen werden, um die Effizienzwirkung einer Reorganisation bzw. einer neuen Organisation nach ihrer Implementierung zu überprüfen.

Empfehlungen

- Prüfen Sie kritisch, welche Effizienzkriterien wirklich auf Ihre konkrete Situation passen. Konzepte, wie das in diesem Buch vorgestellte, liefern handlungsanleitende Inputs. Experten können unterstützen, indem Sie Erfahrungswerte und passende Beispiele einbringen. Ihre eigene geistige Arbeit und kritische Reflexion sind aber in jedem Fall gefordert!
- Orientieren Sie sich an den Gedanken, die bei der Formulierung der Gestaltungsprinzipien (Design-Kriterien) explizit wurden. So vermeiden Sie Widersprüche und decken allfällige Lücken auf.

2.6 Transparente Bewertung und Auswahl (inklusive Prüfen der Realisierbarkeit)

Transparenz als Kernanforderung an den Gestaltungsprozess

Elementar für die Bewertung und Auswahl von Organisationsformen (Phase 5 des organisatorischen Gestaltungsprozesses vgl. Abschn. 3.4) ist ihre *transparente Durchführung*. *Transparent* heißt, dass der Prozess nachträglich von unbeteiligten Dritten problemlos nachvollzogen werden kann. Dies wird einerseits durch eine möglichst lückenlose Dokumentation gewährleistet. Andererseits sind Techniken einzusetzen, die ein methodisch einwandfreies Vorgehen ermöglichen.

Aufgrund unserer langjährigen Erfahrungen empfehlen wir mindestens die Anwendung eines *verbalen Vergleichs* der Organisationsformen (zum verbalen Vergleich vgl. Abschn. 8.1). Dabei werden alle Alternativen (Spalten) anhand der Effizienzkriterien bzw. Unterkriterien (Zeilen) in einer Zielertragsmatrix verbal beurteilt. Das theoretische Beispiel in Tab. 2.2 verdeutlicht dieses Vorgehen exemplarisch.

Tab. 2.2 Vergleich bezüglich Zielorientierung der Organisation (Ausschnitt einer Zielertragsmatrix)

Kriterium 1: Zielorientierung der Organisation			
	Funktionale Organisation (FO)	Divisionale Organisation (DO)	Matrix-Organisation (MO)
Eindeutiger Zielbezug der Stellenaufgaben	Hohe horizontale Interdependenzen der Leistungsprozesse erschweren eine klare Sachzielzuordnung (vgl. Abschn. 3.5); Formalziele der Funktionsbereiche können in Konkurrenz zu Unternehmungsformalzielen stehen (Suboptimierung).	Die Divisionen weisen einen klaren Sachzielbezug auf. Die für sie relevanten Formalziele sind zum Teil Summanden der obersten Formalziele.	Für Dimensionen, die nach dem Objektprinzip organisiert sind, ist ein klarer Zielbezug herstellbar. Für funktionale Dimensionen können sich demgegenüber Konkurrenzbeziehungen zu den Unternehmungsformalzielen ergeben.
Einhaltung des Kongruenzprinzips	*etc.*	*etc.*	*etc.*

Die anschließende Auswahl wird zusätzlich erleichtert, wenn die Organisierenden die verbale Bewertung in Punktwerte umsetzen (zur *Punktbewertung* vgl. Abschn. 8.2).

Notwendigkeit der situativen Gewichtung

Basierend auf einem *verbalen und numerischen Evaluationsprofil* ist nun ein Entscheid für die weiter auszuarbeitende und schließlich zu implementierende Organisationsform zu fällen. Wesentlich ist dabei, dass die *Bewertungskriterien nach den Anforderungen der konkreten Situation gewichtet* werden. Mit anderen Worten: Auch wenn die Bewertung einer Alternative A auf den ersten Blick insgesamt besser erscheint, kann nach einer entsprechenden situativen Gewichtung der Bewertungskriterien die Alternative B vorteilhafter sein.

Um diese situative Gewichtung auf nachvollziehbare Art und Weise vorzunehmen, wird als Entscheidungshilfe beispielsweise ein *nutzwertanalytisches Verfahren* beigezogen (zur Nutzwertanalyse vgl. Abschn. 8.3.2). Idealerweise werden die Beurteilungsergebnisse zudem visualisiert (vgl. Abschn. 8.3.3).

Empfehlungen

- Auch in dieser Phase des Prozesses werden Sie mit interner Politik konfrontiert. Denken Sie hier besonders auch an „graue Eminenzen", die ohne formelle Entscheidungsmacht Einfluss ausüben. Versuchen Sie nicht, sich den Diskussionen mit den relevanten internen Anspruchsgruppen zu entziehen. Sie würden es in der anschließenden Implementierung bitter bereuen und mit vielfältigen Widerständen und kostspieligen Verzögerungen „bezahlen".

- Akzeptieren Sie die bedeutende Rolle subjektiver Einflüsse bei der Bewertung aufgrund der schweren Quantifizierbarkeit organisatorischer Lösungen. Kommunizieren Sie bewusst darüber. Scheingenauigkeiten sind wenig hilfreich und schaden der Glaubwürdigkeit. Wesentlich ist in diesem Zusammenhang, dass das Vorgehen absolut transparent und nachvollziehbar ist.
- Bestehen Sie auf einem maßgeblichen Einbezug der Entscheidungspersonen. Idealerweise erfolgt die Bewertung gemeinsam, um Mehrdeutigkeiten zu vermeiden. Mit einem solchen Vorgehen gewährleisten Sie insbesondere, dass die wahrnehmungsabhängigen und subjektiven Teile des Prozesses von allen getragen werden, was die Gefahr nachfolgender „Störmanöver" gegen die gewählte Alternative stark mindert.
- Vergessen Sie die Dokumentation nicht! Damit stellen Sie sicher, dass die gemachten Überlegungen zu einem späteren Zeitpunkt (insbesondere während der Implementierung, aber auch bei einer späteren Erfolgskontrolle) jederzeit nachvollzogen werden können.

Zu einer seriösen Empfehlung für eine organisatorische Alternative gehört das Prüfen ihrer Realisierbarkeit (zum Prüfen der Realisierbarkeit vgl. Abschn. 8.4). M. a. W.: Ist die ideale Organisationsform für die betreffende Unternehmung auch wirklich umsetzbar? Solche Analysen untersuchen unter anderem, ob genügend Ressourcen vorhanden sind, zeigen die Konsequenzen für die Unternehmungssysteme auf und quantifizieren die Reorganisationskosten.

Für die endgültige Wahl einer Organisationsstruktur sind nebst der Ermittlung des organisatorischen Nutzens von Gestaltungsalternativen als Entscheidungsgrundlage damit auch die abschätzbaren Kosten (Einführungskosten, Unterhaltskosten) der einzelnen Alternativen zu bestimmen.

Realisierbarkeit: Überprüfung der Konsequenzen und Kosten

Idealerweise wird das Prüfen der Realisierbarkeit direkt in den Bewertungs- und Auswahlprozess integriert (vgl. Abschn. 8.4) und *nicht erst nach* der Bestimmung der besten Alternative angegangen. In der Praxis sind Organisationskosten, Umsetzbarkeit und Akzeptanz einer neuen Organisationslösung oft Kriterien, die durch die Entscheidungspersonen direkt in den Vergleich der organisatorischen Alternativen eingebaut werden. Dies ganz im Sinne der in Abschn. 2.5 beschriebenen Ergänzung oder Substitution der durch uns vorgeschlagenen Effizienzkriterien.

Um Konsequenzen abzuschätzen erweist es sich alternativ manchmal auch nützlich, *Experimente und Tests in den organisatorischen Gestaltungsprozess einzubauen*. Diese führen oftmals im Sinne von „Trial and Error" in kürzerer Zeit zu besseren Lösungen.

Empfehlungen

- Gehen Sie das Thema Realisierbarkeitsstudien proaktiv an. Übergeordneten Entscheidungsgremien (Geschäftsleitung, Konzernleitung, Aufsichts- bzw. Verwaltungsrat) messen den finanziellen Auswirkungen einer Reorganisation erfahrungsgemäß hohes Gewicht bei. Dies, weil diese in der Regel größere Investitionen (ausgaben- und nicht ausgabenrelevant) erfordern und den Fokus der Unternehmung vom Markt und Kunden auf Internes leitet. Sie vermeiden so ein Scheitern in letzter Minute.
- Achten Sie unbedingt darauf, dass Ihre Berechnungen „robust" sind und verschiedenen Überprüfungen standhalten. Meist geht es um belastbare Größenordnungen und nicht um die allerletzten Details.

2.7 Implementierung, Organisationscontrolling und Weiterentwicklung

Auch wenn wir in unserem Werk nicht näher darauf eingehen: Mit dem Entscheid für eine neue Organisationsform sind zwar die Bewertung und Auswahl abgeschlossen, nicht aber die Aufgabe und Verantwortung der Organisierenden. Keine neue Organisationsstruktur (und kein Prozess) funktioniert auf Anhieb. Die Erfahrung zeigt, dass Feinjustierungen und Anpassungen während und nach der Implementierung immer wieder nötig sind.

Sinnvolles Organisationscontrolling

Wir empfehlen daher, im Rahmen des Organisationsmanagements ein einfaches *Organisationscontrolling* einzuführen (Phase 7 des organisatorischen Gestaltungsprozesses vgl. Abschn. 3.4. Zum Organisationsmanagement vgl. Abschn. 3.1.3. Ausführlich zum Thema Organisationscontrolling vgl. Krüger et al. 2008, S. 4–10 und Grundei 2012). In wiederholt durchzuführenden Standortbestimmungen (während und nach der Implementierung) ist zu überprüfen, wie die Organisation die für sie formulierten Ziele erfüllt. Die Gestaltungsprinzipien (Design-Kriterien) dienen dabei als Anhaltspunkte zur Überprüfung der Effektivität (vgl. Abschn. 2.3), die Effizienzkriterien als Messgrößen für die Überprüfung der Effizienz (vgl. Abschn. 2.5) der neuen Organisation.

Zielerfüllung, Weiterentwicklung oder erneute Reorganisation?

Abweichungen sind einzugrenzen und ihre Ursachen zu beseitigen. Nur so kann die als effektiv und effizient eingeschätzte Organisationsform auch wirklich leistungswirksam werden und zumindest im Grundverständnis eine gewisse Dauer und Orientierung entwickeln. Damit ist gleichzeitig gesagt, dass bei Erkennen großer Abweichungen eine erneute Reorganisation anzustoßen wäre.

	Phase 2	Phase 3	Phase 4	Phase 5			
Schritte	**Schritt 2.1** Bestimmung der Gestaltungsprinzipien	**Schritt 3.1** Beschreibung der organisatorischen Alternativen	**Schritt 4.1** Festlegung der Bewertungskriterien	**Schritt 5.1** Verbale Bewertung der Alternativen	**Schritt 5.2** Punktbewertung der Alternativen	**Schritt 5.3** Gewichtung der Kriterien	**Schritt 5.4** Realisierbarkeitsstudien
Bemessungsgrundlage	**Unternehmung als System** Orientierung an Unternehmungssituation, -zielen und -strategie	**Org. Aktionsparameter** Arbeitsteilung, Koordination und Konfiguration	**Unternehmung als System** Orientierung an Unternehmungszielen, Inputgrössen, internen Prozessen, Umsystem	**Org. Effizienzkriterien** Ökonomisch-technische, Flexibilitäts-orientierte, anspruchsgruppenorientierte Kriterien	**Org. Effizienzkriterien** Ökonomisch-technische, Flexibilitäts-orientierte, anspruchsgruppenorientierte Kriterien	**Präferenzen** Explizite und implizite Präferenzstruktur der EntscheidungsträgerInnen	**Ressourcen & Kostenstruktur** Quantifizier- und qualifzier-bare Kosten der organisatorischen Alternativen
Hilfsmittel	Bezugsrahmen der relevanten Gestaltungssituation	Beschreibung idealtypischer Org.formen, Organigramme, Stärken/ Schwächen, Erfolgsfaktoren	Bezugsrahmen der relevanten Gestaltungssituation, Organisatorische Effizienzkonzepte	Modellbeschreibung der org. Alternativen, Zielertragsmatrix	Modellbeschreibung der org. Alternativen, verbales Evaluationsprofil, Zielertragsmatrix	Evaluationsprofile, Nutzwertanalyse, Netzdiagramm, AHP	Ressourcenplanung (Transformationskosten, Betriebskosten), Änderungswiderstand
Methode	Analyse, Diskussion, Workshop	Analyse, Diskussion	Analyse, Modellierung (Workshop)	Analyse (Workshop)	Analyse, Workshop	Modellierung, Simulation, Workshop	Analyse, Modellierung
Ergebnis	Gestaltungsprinzipien für die Reorganisation	Modellbeschrieb der org. Alternativen	Organisatorische Effizienzkriterien	Erfüllungsgrad der Kriterien je Alternative (Evaluationsprofil): verbal	Erfüllungsgrad der Kriterien je Alternative (Evaluationsprofil): numerisch	Reihenfolge der Wünschbarkeit der Alternativen	Umsetzbarkeit der Alternativen (Kosten-Nutzen)

Abb. 2.2 Kernschritte zur effektiven und effizienten Organisation

Empfehlungen

- Bleiben Sie pragmatisch! Ein Organisationscontrolling ist sehr einfach in existierende Abläufe und Systeme einzupflegen. Nach unserer Erfahrung ist alles, was darüber hinausgeht, sehr theoretisch und im Hinblick auf eine „gute" Organisation wenig nützlich.
- Wesentlich ist, dass Sie den Gedanken der kontinuierlichen Verbesserung über die vier Phasen *Plan-Do-Check-Act* berücksichtigen.
- Stellen Sie sicher, dass durch die Entscheidungspersonen eine regelmäßige (wenn auch nicht zu häufige) Auseinandersetzung mit dem Erfüllungsgrad hinsichtlich der definierten Effektivitäts- (Gestaltungsprinzipien bzw. Design-Kriterien) und Effizienzziele (Effizienzkriterien) erfolgt.

2.8 Schematische Zusammenfassung

Abb. 2.2 gibt abschließend einen zusammenfassenden Überblick der Kernschritte, die zur Bewertung und Auswahl effektiver und effizienter Organisationsformen führen.

Es beginnt mit der Konzeption der Gestaltungsprinzipien und endet mit der Überprüfung der Realisierbarkeit. Faktisch handelt es sich dabei um eine detaillierte und doch kompakte Darstellung der Phasen 2 („Soll-Vorstellungen und Gestaltungsprinzipien [Design-Kriterien]"), 3 („Generierung von Gestaltungsalternativen"), 4 („Bestimmung relevanter Effizienzkriterien") und 5 („Bewertung und Auswahl [inkl. Prüfen der Realisierbarkeit]") des organisatorischen Gestaltungsprozesses (zu den Phasen des organisatorischen Gestaltungsprozesses bzw. zum Organisationsprozess vgl. Abschn. 3.4).

Literatur

Grundei, Jens. 2012. Organisations-Controlling. Idee – Aufgaben – Konzeption. In *Organisations-Controlling, Band 1 GoBS-Schriften für Wirtschaft und Verwaltung*, Hrsg. Jens Grundei, Oliver Pulcher, Ludger Becker, und Norbert Stöhr, 5–20. Essen: MA Akademie Verlags- und Druck-Gesellschaft.

Krüger, Wilfried, Axel von Werder, und Jens Grundei. 2008. Organisations-Controlling: Konzept, Ausgestaltung, Nutzen. *Zeitschrift Führung + Organisation* 77(1): 4–10.

Worren, Nicolay, Jeroen van Bree, und William Zybach. 2019. Organization design challenges: Results from a practitioner survey. *Journal of Organization Design* 8(9): 1–18.

Organisatorische Grundlagen 3

Zusammenfassung

Das dritte Kapitel erläutert zur Schaffung einer einheitlichen Basis zunächst die wesentlichen organisatorischen Begriffe und Zusammenhänge. Wir weisen auf die Bedeutung von „Fit“ beim Organisieren hin, skizzieren den Prozess der organisatorischen Gestaltung, sensibilisieren für die Dimension des Wandels im Gestaltungsprozess und verdeutlichen die grundsätzliche Relevanz organisatorischer Entscheidungen für Unternehmungen.

Charakterisierung des Kapitels: Grundlagen
Positionierung auf der Themenlandkarte:

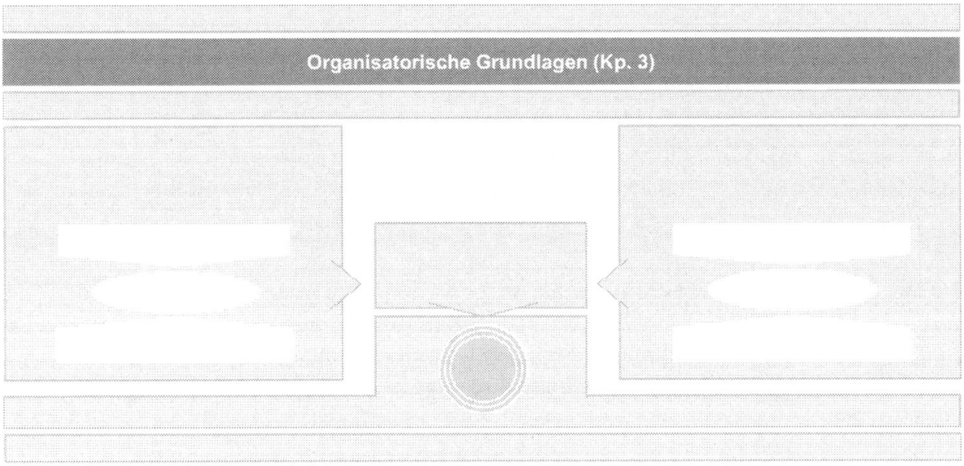

A. P. Wenger, N. Thom, *Die optimale Organisationsform*, uniscope. Publikationen der SGO Stiftung, https://doi.org/10.1007/978-3-658-32716-3_3

3.1 Klassische Organisationsbegriffe

„Das Organigramm zeigt Ihnen, wie wir die Organisation rund um unsere Kernprozesse aufgebaut haben." „Herr Müller organisiert die nötigen Unterlagen für den Kickoff." „Die netzwerkartige Organisation von Forschung und Entwicklung hilft mit, die Time to Market zu minimieren."

Organisation ist nicht gleich Organisation!
Offensichtlich sind mit dem Begriff „Organisation" verschiedene Bedeutungsinhalte verknüpfbar. Je nachdem welcher Fokus eingenommen wird, kann ein anderes Organisationsverständnis relevant sein. Bei der Wahl eines passenden Begriffs der Organisation sind hauptsächlich Zweckmäßigkeitsüberlegungen anzustellen.

Zur Schaffung eines gemeinsamen Problemverständnisses wollen wir kurz auf die üblicherweise unterschiedenen Begriffe eingehen. Es sind dies der *instrumentale*, der *institutionale* und der *funktionale Organisationsbegriff.*

3.1.1 Instrumentaler Organisationsbegriff

Vom Zusammenhang zwischen Organisation und Unternehmung ausgehend, steht die Wahl zwischen *der instrumentalen und der institutionalen Sichtweise* im Vordergrund (zur Unterscheidung von instrumentaler und institutionaler Sichtweise vgl. z. B. Grochla 1982/1995, S. 1; Schreyögg und Geiger 2016, S. 5 ff.; Bea und Göbel 2019, S. 27 ff. und Vahs 2019, S. 16 ff.). Wenn, wie im vorliegenden Werk, der Fokus auf einem Evaluationsinstrument zur Analyse und Bewertung alternativer Organisationsstrukturen liegt, ist den Betrachtungen mit Vorteil die *instrumentale Sichtweise* zu Grunde zu legen.

Organisation als Instrument
Organisation versteht sich aus der instrumentalen Betrachtungsweise als ein *Führungsinstrument, das in Unternehmungen der Zweck- und Zielerreichung dient.* Sie ist ein System von möglichst dauerhaft festgelegten personenbezogenen Verhaltensregeln (Verhaltenserwartungen) und maschinenbezogenen Funktionsregeln (Leistungsanforderungen), das die zielgerichtete, effektive und effiziente Aufgabenerfüllung sozio-technischer Systeme gewährleisten soll.

▶ **Begriff – Die Unternehmung als offenes, produktives, sozio-technisches System:** *Unter einem sozio-technischen System wird eine Menge von in Beziehung stehenden Menschen und Maschinen (Systemelemente) verstanden. Diese sollen unter spezifischen Bedingungen individuell oder in Kombination und nach festgelegten Regeln bestimmte Aufgaben erfüllen. In der Abfolge der Aufgaben manifestiert sich der unternehmerische Leistungsprozess, in dem für die Kunden der Unternehmung etwas geschaffen („produziert") wird. Durch die Leistungserstellung entsteht Wert in dem Sinne,* *dass der Output des Systems größer bzw. wertvoller ist als sein Input. Für ihre Wertschöpfung steht die Unternehmung in ständigen Austauschprozessen und vielfältigen Beziehungen mit ihrer Umwelt, sie ist nicht in sich abgeschlossen. (Vgl.* *Grochla* 1978, *S. 10; Furger* 2013, *S. 41).*

Mit ihrer Fokussierung auf die organisatorischen Regeln umfasst die instrumentale Sichtweise nur eine bestimmte Komponente sozio-technischer Systeme (vgl. Grochla 1978, S. 15; Schreyögg und Geiger 2016, S. 10 f.). Anders ist dies in der institutionalen Betrachtungsweise der Organisation.

3.1.2 Institutionaler Organisationsbegriff

Organisation als Institution
Aus einer institutionalen Betrachtungsweise ist Organisation *ein zielgerichtetes soziales System mit beständigen Grenzen zur Umwelt.* In diesem System werden die Aktivitäten der Mitglieder nach einem bestimmten Muster aufgeteilt und durch Koordination dauerhaft auf die gemeinsam verfolgten Ziele ausgerichtet. Die Organisationsstruktur wird als Mittel gesehen, um das Organisationsziel in Erwartungen umzusetzen. Gemäß diesen Erwartungen soll sich das Handeln der Organisationsmitglieder im Hinblick auf das Organisationsziel ausrichten bzw. kann die Verhaltenssteuerung zieladäquat erfolgen (vgl. Kieser und Walgenbach 2010, S. 7; Schreyögg und Geiger 2016, S. 9 f.).

Mit einer derartigen Strukturierung wird die Organisation von ihrer Umwelt abgegrenzt. In diesem Sinne unterliegt das gesamte organisierte Gebilde (und nicht nur eine bestimmte Komponente davon wie bei der instrumentalen Betrachtungsweise) der Bezeichnung Organisation (vgl. Grochla 1982/1995, S. 1).

3.1.3 Funktionaler Organisationsbegriff

Mit der Unterscheidung von institutionaler und instrumentaler Sichtweise fokussiert sich der Blick, der auf die Organisation geworfen wird, im Wesentlichen auf bereits Bestehendes, Statisches. Dieses muss aber zuerst durch gestalterische Tätigkeit geschaffen werden.

Organisation als Organisationsmanagement
In einer funktionalen Sichtweise ist daher unter Organisation die konkrete Führungs- bzw. Managementfunktion, *das Organisationsmanagement* gemeint (zum Organisationsmanagement vgl. Thom und Wenger 2004, Sp. 1033 ff.). Als Querschnittsfunktion hat Organisation nach diesem Verständnis die organisatorische Gestaltung zum Inhalt: Einerseits die konkrete Ausgestaltung, Einführung und Durchsetzung der organisatorischen Regeln zur Konkretisierung der Aufgaben und deren Zuteilung auf Mitarbeitende. Andererseits die unternehmenszielgerichtete Verknüpfung der Aufgabenerfüllungsprozesse (vgl.

Grochla 1982/1995, S. 25 f.; Thom und Wenger 2004, Sp. 1034 f. Zur Organisation als Querschnittsfunktion vgl. z. B. Vahs 2019, S. 20 f.). Wie und mit welchen Ressourcen das Organisationsmanagement wahrgenommen wird, definiert die organisatorische Funktionsstrategie (vgl. Abschn. 4.6).

Abb. 3.1 illustriert die beschriebenen Zusammenhänge.

Organisation entsteht durch Organisieren

In Folge der *organisatorischen Gestaltung* bzw. durch das *Organisieren* (Organisation als Funktion), entsteht das organisatorische Regelwerk (die Organisationsstruktur und damit die Organisation im instrumentalen Sinn, vgl. Grochla 1982/1995, S. 2; Bühner 2004, S. 5). Im Zusammenspiel mit den anderen Managementfunktionen (wie Planung, Personaleinsatz, Führung und Kontrolle, vgl. Steinmann et al. 2013, S. 9 ff.) ist es unter einem funktionalen Verständnis eine der Hauptaufgaben der Organisation, den Ressourceneinsatz und die Koordination der Sachfunktionen zu steuern. Durch die Ausführung der organisatorischen Gestaltung wird damit zur Zielerreichung der Unternehmung beigetragen.

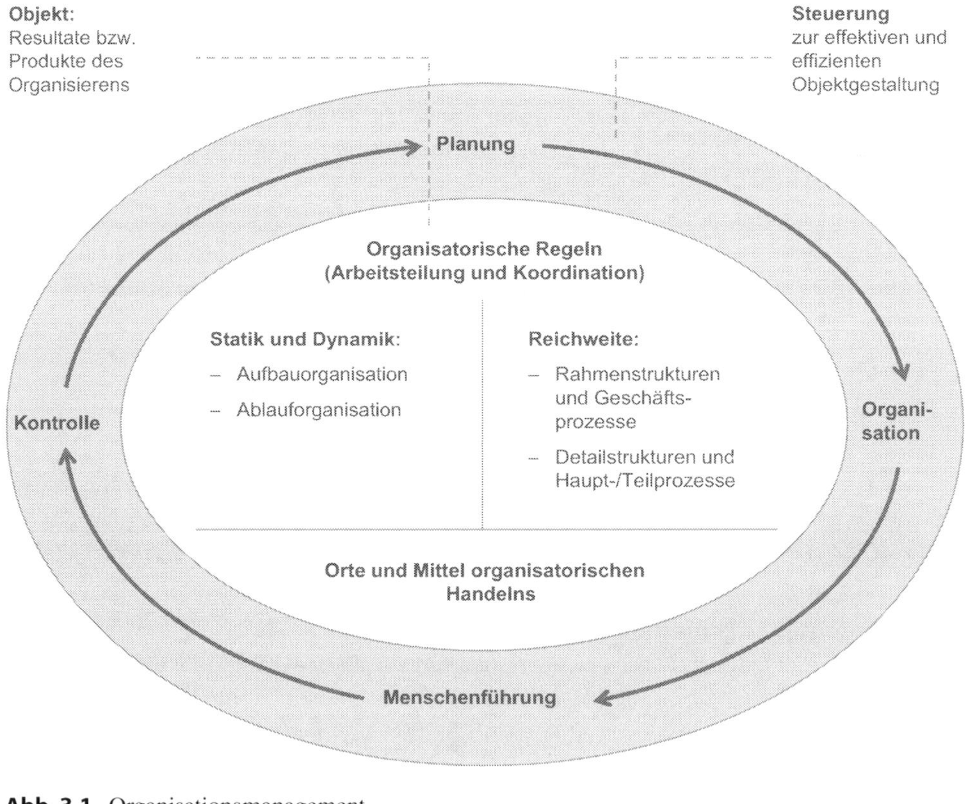

Abb. 3.1 Organisationsmanagement

3.2 Handlungsgrößen der organisatorischen Gestaltung

3.2.1 Klaviatur der Organisierenden

In der Ausformulierung des funktionalen Organisationsbegriffs werden die unmittelbaren Handlungsgrößen der organisatorischen Gestaltung deutlich.

Klaviatur der Organisierenden: Arbeitsteilung, Koordination, Konfiguration
Arbeitsteilung, Koordination und Konfiguration sind die relevanten Dimensionen, an denen die organisatorische Gestaltung ansetzt. Wir nennen sie in der Folge die *organisatorischen Aktionsparameter*. Sie sind die Klaviatur der Organisierenden: Mit ihnen wird eine zielorientierte Steuerung von Verhalten und Funktionieren der Aktionsträger (Menschen, Apparate, Maschinen und Systeme) möglich. Jede organisatorische Handlung führt zur Neudefinition oder Veränderung mindestens einer der drei Dimensionen. Und jede Organisationsstruktur besteht aus einer ganz bestimmten Ausprägung der drei Dimensionen.

3.2.2 Arbeitsteilung

Das Grundproblem der *Arbeitsteilung* liegt in der Frage, wie die Teilung und Zuweisung von in der Unternehmung zu erfüllenden Aufgaben am günstigsten vorzunehmen sind (vgl. Schreyögg und Geiger 2016, S. 29).

Arbeitsteilung strukturiert die Organisation nach Teilaufgaben
Präziser handelt es sich um „[...] die Zerlegung von größeren Aufgabenkomplexen in Teilaufgaben und die Übertragung dieser Teilaufgaben oder Kombinationen von Teilaufgaben auf bestimmte strukturelle Teileinheiten [...]" (Grochla 1978, S. 33). Dies geschieht z. B. nach Funktionen, nach Produkten oder nach Kundengruppen. Nötig ist Arbeitsteilung darum, weil die Gesamtaufgabe einer Unternehmung zu umfangreich ist, als dass sie eine Person allein ausführen könnte (vgl. Kieser und Walgenbach 2010, S. 71). Von der Notwendigkeit der Arbeitsteilung sind lediglich Einpersonen-Unternehmungen ausge-nommen.

Optimale Organisationsstruktur für eine zielgerichtete, effektive und effiziente Wertschöpfung
In Zusammenhang mit der Arbeitsteilung ist es wichtig, auf das Verhältnis von Aufbau- und Ablauforganisation hinzuweisen. Wir stellen uns auf den Standpunkt, dass *die Aufgabengliederung grundsätzlich den unternehmerischen Leistungsprozess für den Kunden im Fokus haben muss*. Im Leistungsprozess entsteht die Wertschöpfung der

Unternehmung für den Kunden, wodurch sich diese legitimiert. Mit einer möglichst optimalen Organisationsstruktur soll im Endeffekt nichts anderes als eine zielgerichtete, effektive und effiziente Wertschöpfung für die Kunden ermöglicht werden (aufschlussreich formuliert bereits Nordsieck dazu: „Die wirkliche Struktur des Betriebes ist die eines Stromes." zit. D. Vahs 2019, S. 257). Dies wird sichergestellt, indem die angesprochenen Teilaufgaben in zielorientierten Prozessen zusammengefasst und gleichzeitig in Struktureinheiten gebündelt werden, die zu den für die Bewältigung der Aktivitäten nötigen Kapazitäten und Fähigkeiten von Menschen und Maschinen passen (vgl. Bach et al. 2017, S. 32). Die lange hochgehaltene, getrennte Bearbeitung von aufbau- und ablauforganisatorischer Sachverhalten in der organisatorischen Strukturierung ist weder zweckmäßig, noch in der Praxis sinnvoll umsetzbar (vgl. dazu ausführlicher Schreyögg und Geiger 2016, S. 34 ff.).

Obige Bemerkungen gelten ganz besonders dann, wenn auf Geschäftsebene oder Leistungsprozessebene organisiert wird, wo die Wertschöpfung für den Kunden (Customer Value Creation) bzw. die operative Exzellenz und Effizienz (Operational Value Creation and Delivery) im Vordergrund stehen (zu den unterschiedlichen Bezugsebenen der organisatorischen Gestaltung und den damit verknüpften Themen der Unternehmungsführung vgl. detailliert Abschn. 5.4).

3.2.3 Koordination

Viele Personen und mehrere Teilaufgaben führen durch die sich daraus ergebende Komplexität zur Notwendigkeit, die Aktivitäten im Hinblick auf das Gesamtziel wiederum zusammenzuführen und untereinander abzustimmen (vgl. Kieser und Walgenbach 2010, S. 71).

Koordination verbindet die Teilaufgaben zielorientiert
Dies ist Aufgabe der *Koordination*, sie „[...] umfasst diejenigen organisatorischen Regeln, die die arbeitsteilige Aufgabenerfüllung im Hinblick auf die Ziele des Gesamtsystems ausrichtet und miteinander abstimmt" (Grochla 1978, S. 36). Dies geschieht mit der Zuordnung von Entscheidungs- und Weisungsbefugnissen und mit der Schaffung struktureller (z. B. Gremien), technokratischer (z. B. Reglemente) und personeller (z. B. personelle Verflechtungen) Koordinationsmechanismen.

Ergänzend können zur Koordination auch Marktmechanismen eingesetzt werden, die auf Preisen basieren (vgl. Bach et al. 2017, S. 83 f.; Bea und Göbel 2019, S. 291 ff.). Auf solche verrechnungspreisorientierte Koordinationsinstrumente gehen wir hier nicht wei-ter ein.

3.2.4 Konfiguration

Aus den beiden ersten Aktionsparametern leitet sich die dritte Hauptdimension formaler Organisationsstrukturen ab, die *Konfiguration* (vgl. Grochla 1978, S. 32).

Konfiguration gliedert die Organisation
Während Arbeitsteilung und Koordination die zentralen organisatorischen Prinzipien beschreiben, erfasst die Konfiguration die äußere Form des Stellengefüges, die durch die spezifische Ausgestaltung dieser Mechanismen entsteht (vgl. Kieser und Walgenbach 2010, S. 127). Daher verstehen wir unter Konfiguration einer Organisation die individuelle Art ihrer horizontalen und vertikalen Gliederung.

3.2.5 Zusammenhang von Arbeitsteilung, Koordination und Konfiguration

Den Zusammenhang der drei Aktionsparameter illustriert Abb. 3.2.

Trotz der analytischen Trennung sind die Aktionsparameter unter Berücksichtigung ihrer gegenseitigen Interdependenzen festzulegen: Eine sinnvolle Kombination mit dem Ziel einer effektiven und effizienten Aufgabenerfüllung ist nur möglich, wenn sie sich gegenseitig ergänzen. Das heißt, dass die gewählten organisatorischen Regeln in sich stimmig sein müssen (vgl. Grochla 1982/1995, S. 96).

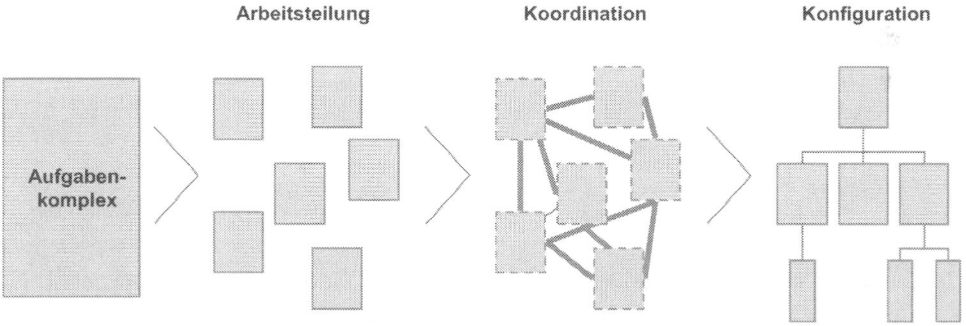

Abb. 3.2 Organisatorische Aktionsparameter

3.3 „Fit" in der organisatorischen Gestaltung

Was für die Stimmigkeit der organisatorischen Regeln untereinander gilt, gilt auch für ihre gute Übereinstimmung mit den anderen Instrumenten der Unternehmungsführung und mit den wesentlichen internen und externen Bedingungsgrößen der Unternehmung.

Die Organisationsform muss zur Situation passen

Die *gewählte Organisationsform muss unbedingt zur spezifischen Situation passen*, damit sie im Sinne der Ziele der Organisation wirksam sein kann („Fit" bzw. „Kontingenz". Zum Begriff der Situation vgl. Abschn. 5.1.1). Die diesbezüglichen Grundüberlegungen entstammen einerseits dem sogenannten „Situativen Ansatz" (vgl. beispielsweise Kieser und Walgenbach 2010, S. 40 ff.; Bach et al. 2017, S. 56 ff.), andererseits der allgemeinen Systemtheorie (vgl. beispielsweise Bach et al. 2017, S. 59 ff.; Vahs 2019, S. 37 ff.). Diese widerspiegeln sich bereits in der in Abschn. 3.1.1 eingeführten Definition einer Unternehmung als offenes, produktives, sozio-technisches System.

Jenseits von wissenschaftlichen Erklärungsansätzen haben die genannten Grundgedanken heute in der praktischen organisatorischen Gestaltung eine eminente Bedeutung (vgl. beispielsweise Bach et al. 2017, S. 59 ff.; Vahs 2019, S. 37 ff.). Sie finden ihren konkreten Niederschlag beispielsweise in holistischen Organisationsmodellen, welchen den mit der Gestaltung betrauten Personen erlauben, das Organisationsproblem ganzheitlich anzugehen (für einen Überblick solcher Modelle vgl. Stanford 2015, S. 26 ff.).

Holistische Organisationsmodelle: Ganzheitliches Angehen des Organisationsproblems

Solche Modelle wie z. B. das Star Modell von Galbraith besagen (vgl. Galbraith 2014, S. 17 ff.), dass

1. unterschiedliche Strategien zu anderen Organisationsformen ihrer Implementierung führen,
2. eine in der Umsetzung erfolgreiche organisatorische Gestaltung mehr bedeutet als lediglich Strukturgestaltung (nämlich ein Zusammenspiel passender Strukturen mit weiteren Faktoren des unternehmerischen Systems wie Prozesse, Personen, Anreizmechanismen etc.) und
3. die genannten Faktoren in der gewählten Lösung aufeinander abgestimmt sein und sich gegenseitig verstärken müssen.

Für unseren Ansatz sind Fit-Überlegungen zentral. Wir erläutern die relevanten Aspekte weiter unten in Kap. 4 und 5.

3.4 Prozess der organisatorischen Gestaltung (Organisationsprozess)

Im Anschluss an die Darstellung der grundlegenden organisatorischen Begriffe und der relevanten Handlungsgrößen stellt sich die Frage, wie die organisatorische Gestaltung konkret abläuft. Zur Ordnung aller Teilaktivitäten und zur Bestimmung der zu ihrer Durchführung eingesetzten Instrumente und Techniken wird der Prozess der organisatorischen Gestaltung (Organisationsprozess) *am besten in Phasen strukturiert.* Damit wird klar festgelegt, wie und in welcher Abfolge die beabsichtigten Überlegungen methodisch am vorteilhaftesten anzupacken sind.

Phasenschemata gliedern den Organisationsprozess logisch
In der Fachliteratur werden alternative Phasenschemata vorgeschlagen, in der Praxis unterschiedliche Varianten eingesetzt (vgl. z. B. Grochla 1982/1995, S. 44 ff.; Bühner 2004, S. 17 ff.; Burton et al. 2015, S. 7 f.; Bach et al. 2017, S. 84 f.; Worren 2018, S. 228 oder Vahs 2019, S. 350 ff.). Gemeinsam sind allen Einteilungsmöglichkeiten die zu bearbeitenden Inhalte, da die zu erfüllenden Aufgaben der organisatorischen Gestaltung dieselben bleiben. Auch bei der Abfolge der einzelnen Schritte lassen sich viele Gemeinsamkeiten beobachten.

Wir gliedern hier den Prozess der organisatorischen Gestaltung, aufbauend auf den Vorschlag von Grochla (1982/1995, S. 44 ff.) und unter Berücksichtigung unserer vielfältigen Erfahrungen im Einsatz in der Praxis in sieben Phasen. Dies zeigt Abb. 3.3.

In diesem Buch konzentrieren wir uns hauptsächlich auf die Phasen **1, 2, 3, 4 und 5**. Ihre jeweilige Relevanz werden wir an den passenden Stellen aufzeigen.

Bei den dargestellten sieben Phasen handelt es sich um eine *logische Ordnung* (vgl. Grochla 1982/1995, S. 44). Sie dient der systematischen Bewältigung der organisatorischen Gestaltung als Entscheidungsprozess und hilft den Organisierenden, die dabei auftretenden Aufgaben und Aktivitäten zu ordnen. Die prozessartige Strukturierung ermöglicht es weiter, den einzelnen Phasen die zu ihrer sinnvollen Bewältigung nötigen organisatorischen Instrumente und Techniken zuzuweisen. Sinn des vorgestellten Phasenschemas ist damit einerseits die bessere analytische Durchdringbarkeit, andererseits die Systematisierung der zur Durchführung nützlichen Mittel.

Keine strikte zeitliche Reihenfolge der Phasen
Die Abfolge der sieben Phasen ist *keine zwingende zeitliche Reihenfolge*. Praktisch jeder Organisationsprozess weist Rückkopplungen auf. Phasen werden gleichzeitig und mehrfach durchlaufen. Zur Optimierung des Gestaltungsprozesses und zur Steigerung der Qualität des Resultats sind solche Schlaufen in hohem Maße wünschenswert: Durch sie können später identifizierte Zusammenhänge und Erkenntnisse bei der organisatorischen

Abb. 3.3 Phasen der organisatorischen Gestaltung

Problemlösung angemessen berücksichtigt werden. Dies gilt ganz besonders, wenn (Teil-) Lösungen in abgrenzbaren Bereichen experimentell auf ihre Eignung getestet werden.

Vor dem Hintergrund der Vielfältigkeit organisatorischer Problemstellungen in der Praxis ist es im Einzelfall zudem denkbar, dass gewisse Phasen nicht nötig sind. Oftmals werden Phasen auch zusammengefasst.

Organisatorische Gestaltung als heuristischer Prozess

Insgesamt weist der skizzierte Prozess der organisatorischen Gestaltung eindeutig die Charakteristiken eines *heuristischen Verfahrens* auf (zu heuristischen Entscheidungsverfahren vgl. Grünig und Kühn 2017, S. 55 ff.).

3.5 Organisatorische Effektivität und Effizienz

Merkmale und Maßstäbe

Damit Organisationsstrukturen überhaupt analysiert und hinsichtlich ihrer relativen Vorteilhaftigkeit bewertet werden können, sind entsprechende *Merkmale und Maßstäbe* erforderlich (detailliert zur Messung von Organisationsstrukturen vgl. Walgenbach und Beck 2004):

- Einerseits ist es nötig, Merkmale bzw. Dimensionen zu definieren, die eine systematische und detaillierte Beschreibung und Analyse von Strukturen erlauben. Dies sind die in Abschn. 3.2 beschriebenen *organisatorischen Aktionsparameter* (Arbeitsteilung, Koordination und Konfiguration).
- Andererseits sind Kriterien festzulegen und zu präzisieren, an denen eine spezifische Kombination dieser Aktionsparameter (d. h. eine Organisationsstruktur) „gemessen" werden kann. Durch die Bewertung einer Struktur an solchen Kriterien *ergeben sich Ausprägungen (Grade), die andeuten, ob und in welchem Ausmaß die Kriterien durch die Organisationsstruktur erfüllt werden.*

Diese Zusammenhänge illustriert Abb. 3.4.

Effektivität und Effizienz

Werden organisatorische Alternativen anhand der relevanten Kriterien („Maßstäbe") evaluiert, so werden Aussagen zu ihrer *organisatorischen Effektivität* und/oder *organisatorischen Effizienz* gemacht („Ausprägungen" bzw. „Grade"). Was sind Effektivität und Effizienz genau?

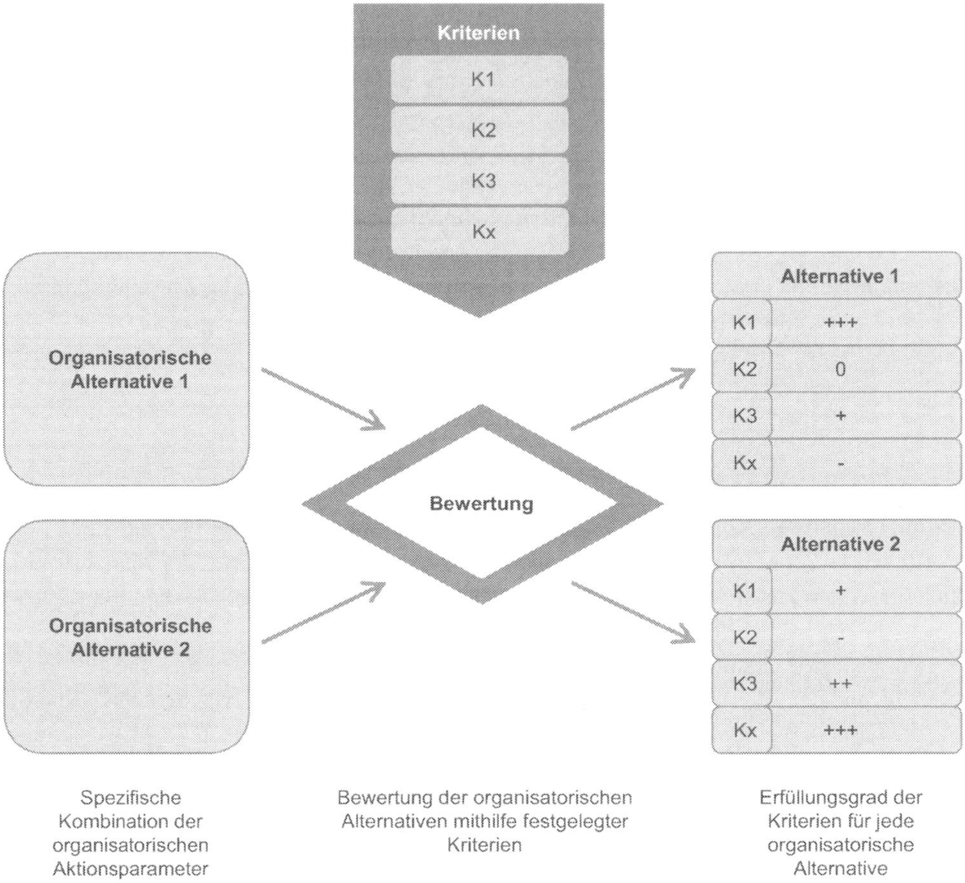

Abb. 3.4 Bewertung von Organisationsstrukturen durch Kriterien

Die aus dem angloamerikanischen Sprachraum stammende, schlagwortartige Unterscheidung der beiden Begriffe ist bekannt (vgl. Drucker 1974, S. 45; Hofer und Schendel 1978, S. 2):

- Effektivität wird mit *doing the right things* umschrieben.
- Effizienz heißt demgegenüber *doing the things right.*

Bezogen auf die Organisation verstehen wir hier die beiden Begriffe wie folgt:

- ***Eignet sich eine Lösung grundsätzlich?***
  Mit *Effektivität* wird die *grundsätzliche Eignung* einer organisatorischen Lösung zur Erreichung der Sachziele einer Unternehmung beurteilt. Die Effektivität einer organisatorischen Lösung ist damit ein *klassifikatorisches* Merkmal: Sie ist im Hinblick auf ein Ziel gegeben oder nicht gegeben. Anders formuliert: Eine effektive Organisation befähigt eine Unternehmung, strategische Ressourcen und Kompetenzen zu entwickeln, mit denen sie die gewünschten Wettbewerbsvorteile nachhaltig aufbauen und sichern kann.

• ***Fördert die Lösung die angestrebten Ziele?***

Effizienz ist demgegenüber die *Leistungswirksamkeit* oder das Erfolgsniveau einer organisatorischen (Teil-)Lösung in Bezug auf die festgelegten Formalziele einer Unternehmung. Die Effizienz einer organisatorischen Lösung ist damit ein *relatives bzw. abstufbares* (qualifizierend durch Quotienten- oder Differenzenbildung) Merkmal. Eine effiziente Organisation ist dann gegeben, wenn sie das „Beste" aus den verfolgten Zielen macht. Dies kann a) die Erreichung eines Zieles mit dem minimalen Mitteleinsatz bedeuten (Orientierung am Ziel-Output-Verhältnis), b) die Erreichung des maximalen Zieles mit einem gegebenen Mitteleinsatz sein (Orientierung am Input-Output-Verhältnis) oder c) heißen, dass das Ergebnis und der Mitteleinsatz sich im bestmöglichen Verhältnis befinden (Orientierung am Ziel-Input-Verhältnis).

► **Begriff – Sach- und Formalziele als oberste Bezugspunkte:** *Wertschöpfung durch die Erzeugung von Gütern bzw. die Erstellung von Dienstleistungen für die Kunden wird als oberstes Sachziel einer Unternehmung bezeichnet. Das Sachziel ist als konkretes Handlungsprogramm einer Unternehmung der Bezugspunkt, auf den sich alle unternehmerischen Aktivitäten ausrichten. Es definiert Art, Menge und Zeitrahmen für die zu erstellenden und am Markt abzusetzenden Güter oder Dienstleistungen.*

Die zur Erbringung dieser marktbezogenen Leistungen notwendigen Aktivitäten werden anhand einer Präferenzstruktur, den sogenannten Formalzielen, bewertet und ausgewählt. Formalziele sind damit qualifizierende Merkmale, die zur Beurteilung der Zielerreichung herangezogen werden. Sie erlauben eine formale Präzisierung des Zielobjektes. (Vgl. Grochla 1972, *S. 38 ff.; Hamel* 1992, *Sp. 2638 ff.)*

Effektivität vs. Effizienz

Effektivität und Effizienz sind in ihrer Verwendung nicht sinnvoll voneinander trennbar. Nur mit einer Effektivitätsbetrachtung kann aus einer Menge grundsätzlich geeigneter (d. h. effektiver) organisatorischer Alternativen die bestgeeignete (d. h. effizienteste) Lösung *nicht* bestimmt werden (vgl. Fessmann 1980, S. 31).

Muss im Streben einer Unternehmung nach organisatorischer Effektivität und Effizienz eine Priorität zwischen beiden festgelegt werden, so sind aufgrund ihrer Bedeutung für den langfristigen Erfolg und den Bestand der Unternehmung die Effektivitätsüberlegungen vorzuziehen (vgl. Hofer und Schendel 1978, S. 2 f.). Dies lässt sich einfach begründen: Die Überprüfung bzw. Steigerung der Effizienz einer organisatorischen Lösung, die sich zur Sachzielerreichung nicht eignet, ist sinnlos: Eine Verbesserung der organisatorischen Effizienz bringt die Unternehmung der Realisierung ihres Handlungsprogramms keinen Schritt näher.

Diese Bevorzugung heißt aber nicht, dass die Effektivität in allen Konstellationen *wichtiger* als die Effizienz ist. Die unterschiedliche Gewichtung der beiden Konstrukte gilt nur in Situationen, in denen sich nicht beide gleichzeitig verwirklichen lassen.

(Nur) in der Krise hat die Effektivität Vorrang

Die Effektivität hat z. B. dann Vorrang, wenn sich eine Unternehmung in einer akuten Liquiditätskrise befindet, die radikale und rasche organisatorische Schnitte (Restrukturierungen) notwendig macht.

Ist keine solche Zwangslage gegeben, werden Effektivität und Effizienz im Gegenteil als *gleichrangig* angesehen. Sonst drohen effektive, d. h. zur Zielerreichung beitragende Maßnahmen ihre Vorteilhaftigkeit zu verlieren, weil sie ineffizient durchgeführt werden. Im Extremfall kann auch die dauerhafte Anwendung effektiver, aber ineffizienter Lösungen die Existenz der Unternehmung bedrohen.

In organisatorischen Gestaltungsprozessen sind daher sowohl Effektivität als auch Effizienz angemessen zu berücksichtigen: Die Auswahl grundsätzlich geeigneter organisatorischer Alternativen ist genauso wichtig wie deren möglichst wirksame Ausgestaltung.

3.6 Effektivität, Effizienz und organisatorischer Gestaltungsprozess

Effektivitäts- und Effizienzbetrachtungen sind, wie oben festgestellt, im Rahmen der organisatorischen Gestaltung nicht sinnvoll trennbar. Damit eine für die Unternehmungsziele möglichst optimale organisatorische Lösung gefunden werden kann, ist die Berücksichtigung beider Perspektiven notwendig, wenn auch nicht unbedingt gleichzeitig.

Ineffektive Lösungen zuerst aussondern

Den bisherigen Überlegungen folgend, müssen organisatorische Gestaltungslösungen zur Sachzielerreichung zwingend effektiv, jedoch nicht unbedingt effizient sein. Es spricht daher nichts dagegen, alle ineffektiven Gestaltungsalternativen (ob diese Alternativen effizient oder ineffizient sind, spielt im Hinblick auf die Sachziele keine Rolle) am Anfang eines Gestaltungsprozesses zu eliminieren. Daher sehen wir die *Effektivität* eher als *Leitgedanken in der Phase der Generierung von Gestaltungsalternativen* (Phase 3 im organisatorischen Gestaltungsprozess vgl. Abschn. 3.4). Demgegenüber kommen die *Effizienzüberlegungen* in der *Phase der Bewertung und Auswahl der Gestaltungsalternativen* (Phase 5 im organisatorischen Gestaltungsprozess) zum Tragen.

Effektivität wird vor Effizienz beurteilt

Das Zusammenspiel von Effektivität und Effizienz ist folglich so darstellbar:

- Zuerst werden organisatorische Gestaltungslösungen unter *Effektivitätsüberlegungen* im Hinblick auf unternehmerische Sachziele generiert und beurteilt. Ineffektive Lösungen werden ausgeschlossen (Phase 3 des organisatorischen Gestaltungsprozesses). Konkrete Hilfsmittel sind sogenannte *Gestaltungsprinzipien* oder *Design-Kriterien* (vgl. Abschn. 5.5.2).

- Danach werden die effektiven Lösungen unter *Effizienzgesichtspunkten* im Hinblick auf die Formalzielgebung bewertet (Phase 5 des organisatorischen Gestaltungsprozesses). Konkrete Hilfsmittel sind dabei *organisatorische Effizienzkriterien* (vgl. Abschn. 7.2).

3.7 Organisatorische Gestaltung als Prozess des Wandels

Die Umschreibung einzelner Phasen im skizzierten Prozess der organisatorischen Gestaltung verdeutlichen, dass organisatorische Gestaltung immer auch mit Wandel verbunden ist.

Barrieren im organisatorischen Wandelprozess
So weisen wir in der Phase 6 explizit auf Widerstände hin, die organisatorische Veränderungen erschweren oder sogar verunmöglichen (vgl. Abschn. 3.4).

Widerstände gegen Änderungen sowie Lern- und Entwicklungsbedarf für einen besseren Umgang mit Neuerungen treten nicht nur bei umfassenden Reorganisationen auf. Auch bei begrenzten Veränderungen sehen sich Organisierende oft mit sachbezogenen und verhaltensbedingten Erschwernissen und Bedürfnissen konfrontiert. Ein erfolgreicher organisatorischer Gestaltungsprozess erfordert demnach nicht nur umfassendes Wissen über einsetzbare Instrumente und Techniken der Organisation. Ebenso wichtig sind für den Organisierenden erprobte Kenntnisse im Change Management.

► **Begriff – Change Management/Management des Wandels/Veränderungsmanagement:** *Das Konzept des Change Managements umfasst alle geplanten, gesteuerten und kontrollierten Veränderungen in den Strategien, Strukturen, Prozessen und den Kulturen sozio-technischer Systeme. Ein integriertes und differenziertes Change Management beschäftigt sich unter anderem mit Fragen der Organisation, des Personalmanagements sowie der Kommunikation und Information. (Vgl. Zaugg et al.* 2007, *S. 355; Höfler et al.* 2018, *S. 16 f.)*

Vor diesem Hintergrund überrascht es nicht, dass viele Erfolgs- und Misserfolgsfaktoren von Veränderungsprozessen (zu den Erfolgs- und Misserfolgsfaktoren vgl. die Metaauswertung von zehn Change-Management-Studien bei Starker und Peschke 2017, S. 31 f.) in Bereichen zu finden sind, die mit dem Management von Veränderungen und dem Umgang mit den Betroffenen verknüpft sind (vgl. Abb. 3.5, in Anlehnung an Vahs 2019, S. 411).

An das Change Management denken
Oftmals ist es daher sinnvoll, Organisationsprozess mit einem professionellen Change Management zu ergänzen, das beim Start einsetzt (Phase 1, Charakterisierung der Situation und Diagnose) und bis zur Erfolgskontrolle und Weiterentwicklung dauert (Phase 7). Damit wird die Aufgabe der organisatorischen Gestaltung um eine zusätzliche, äußerst anspruchsvolle Dimension erweitert: Die Bewältigung des organisatorischen Wandels

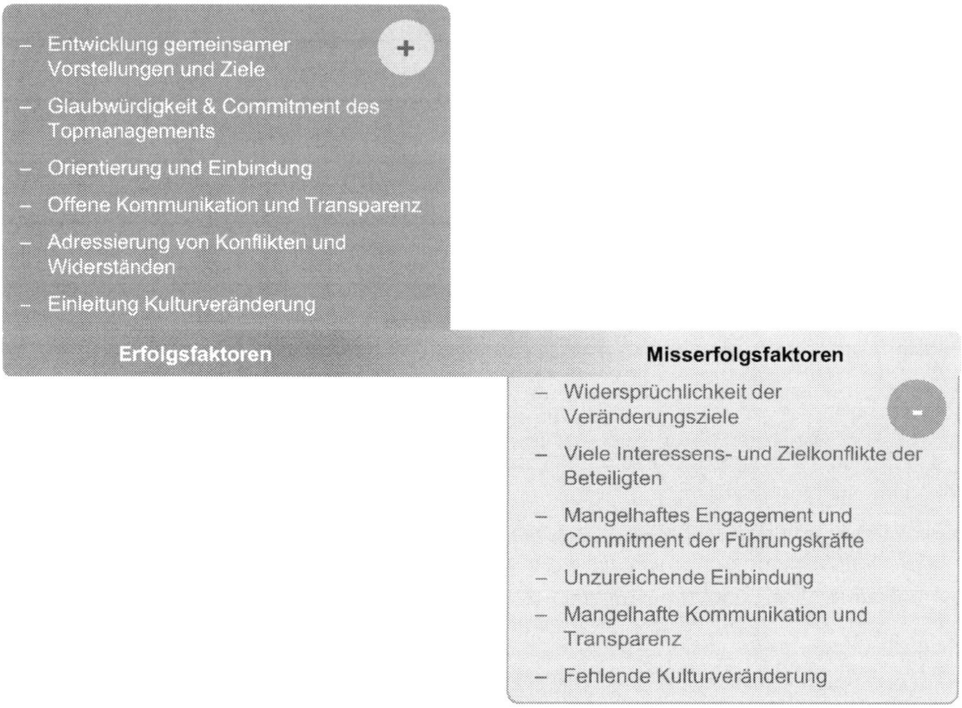

Abb. 3.5 Erfolgs- und Misserfolgsfaktoren von Veränderungsprozessen

(vgl. Schreyögg und Geiger 2016, S. 20). Dies hat nicht zuletzt maßgebliche Auswirkungen auf die Tätigkeitsfelder, die Verankerung und die Verantwortlichen der Organisationsarbeit (vgl. hierzu ausführlich Wenger und Thom 2005).

3.8 Bedeutung der Organisation für die Unternehmungssteuerung

3.8.1 Grundsätzliche Bedeutung

Klassische Organisationsbegriffe (instrumental, institutional, funktional), organisatorische Aktionsparameter (Arbeitsteilung, Koordination, Konfiguration), Prozess der organisatorischen Gestaltung (Phasenmodell) – welche Bedeutung hat die Organisation insgesamt für eine Unternehmung?

Dem instrumentalen Begriffsverständnis der Organisation zufolge verstehen wir die Organisation als zentrales Führungsinstrument des Managements zur Zweck- und Zielerreichung. Durch entsprechenden Einsatz und Ausgestaltung wird mit der Organisation eine zielgerichtete, effektive und effiziente Aufgabenerfüllung in einem sozio-technischen System gewährleistet. Anders ausgedrückt: Eine *möglichst optimale Organisation ist eine zentrale Grundlage für eine zielorientierte, effektive und effiziente Leistungserstellung* und damit der Wertschöpfung jeder Unternehmung.

Regeln für Mensch und Maschine
Präziser formuliert legt das adäquate und kongruente Design von Arbeitsteilung, Koordination und Konfiguration ein System langfristig ausgelegter organisatorischer Regeln fest: Personenbezogene Verhaltensregeln kanalisieren die Verhaltenserwartungen der Mitarbeitenden, maschinenbezogene Funktionsregeln bestimmen die Leistungsanforderungen an die technischen Systeme (Software ist hierzu ein gutes Beispiel). Es sind diese Regeln, die maßgeblich zur Steuerungsfähigkeit einer Unternehmung beitragen: Sie übersetzen die in Zielen und Strategien formulierten Ansprüche („Plan") in die konkrete betriebliche Realität („Tun"). Oder wie es Kesler und Kates ausdrücken: Profitables Wachstum kommt nicht von einer niedergeschriebenen Strategie, sondern von der tatsächlichen Unternehmungsstrategie. Diese manifestiert sich in der konkreten Allokation und dem Einsatz der Ressourcen einer Organisation (vgl. Kesler und Kates 2016, S. 3).

▶ **Begriff – Mix der Führungsinstrumente:** *Zur* Zielerreichung *tragen auch zahlreiche andere Instrumente bei, wie z. B. das Finanz- und Rechnungswesen, das Marketing, das Technologiemanagement oder das Personalmanagement. Die Unternehmungsleitung bedient sich eines Mixes an Führungsinstrumenten, die nach Bedarf zum Einsatz kommen. Es ist demnach durchaus denkbar, dass zur Verwirklichung bestimmter Ziele einer Unternehmung das Instrument „Organisation" keinen ausschlaggebenden Beitrag leistet. Der Ziel-Mittel-Bezug ist jedenfalls nicht immer offensichtlich und der exakte Zielbeitrag der Organisation ist wegen unlösbarer Zurechnungs- und Operationalisierungsprobleme kaum messbar. (Vgl. Hill* 1980, *Sp. 1817; Welge* 1987, *S. 9; Thom* 1990, *S. 253; Kühn und Grünig* 1991, *Drumm* 1992, *Sp. 1596; Grundei* 2012, *S. 7; Wolf* 2013, *S. 50 f.)*

Die erwähnten Zurechnungs- und Operationalisierungsprobleme gelten im Übrigen nicht nur für die Organisation als Führungsinstrument. Ganz generell scheint empirisch feststellbar, dass Unternehmungserfolg, zumindest gemessen an Unterschieden in der Rentabilität, mehr als hälftig auf unerklärbare Faktoren (also nicht Charakteristiken des Managements, der Produkte, der Branche oder des Landes), die zufällig sind und sich damit der Kontrolle der Führung entziehen, zurückzuführen ist. (Vgl. Liu 2019, S. 158).

Suche nach der optimalen Struktur
Eine Unternehmungsleitung *wählt bei rationalem Verhalten jene Struktur, die den gültigen spezifischen Verhältnissen am besten angepasst ist* (vgl. dazu die Überlegungen zum „Fit" in der organisatorischen Gestaltung in Abschn. 3.3). Sie sucht nach der optimalen Lösung

für den konkreten Einzelfall. Umstrukturierungen sind dann nötig, wenn die bestehende Organisation das effektive und effiziente Erreichen der Ziele einer Unternehmung nicht mehr ermöglicht. Dies kann aufgrund sich ändernder Umweltbedingungen, Zielrevisionen oder Geschäftsmodellinnovationen von Wettbewerbern der Fall sein.

Der Aufbau organisatorischer Strukturen hat damit *grundsätzlich die Bedeutung eines zentralen Instruments der Unternehmungssteuerung*.

▶ **Begriff – Unternehmungssteuerung:** *Unter dem Begriff der Unternehmungssteuerung werden die in Abschn.* 3.1.3 *bereits erwähnten Managementfunktionen Organisation, Personaleinsatz und Führung zusammengefasst. Unter Einschluss von Planung und Kontrolle als den beiden weiteren Grundfunktionen des Managements besteht der Prozess der Unternehmungsführung in dieser Betrachtungsweise aus den drei Teilaktivitäten der Unternehmungsplanung (Planung), der Unternehmungssteuerung (Organisation, Personaleinsatz und Führung) und der Unternehmungskontrolle (Kontrolle). (Vgl. Steinmann et al.* 2013, *S. 9 ff.; Hungenberg und Wulf* 2015, *S. 21 f.)*

Diese Überlegungen zum Stellenwert der Organisation gelten grundsätzlich für alle Ebenen einer Unternehmung. Ganz besonders aber treffen sie für die oberste Gestaltungsebenen einer Unternehmung zu, weil dort der Rahmen für die untergeordneten Ebenen festgelegt wird (für eine Systematisierung der verschiedenen Ebenen im Rahmen der organisatorischen Gestaltung vgl. Abschn. 5.4).

3.8.2 Besondere Bedeutung der Organisation auf der obersten Ebene der Unternehmungsführung

Diesbezüglich heben wir zwei Aspekte hervor, welche die große Bedeutung der Organisation für den Gestaltungsbereich der obersten Ebene besonders illustrieren.

Der erste Aspekt ist die Tatsache, dass die gewählte Rahmenstruktur einer Unternehmung die strategische Orientierung der Unternehmungsführung in einem hohen Maß beeinflusst (vgl. Kieser 1993, Sp. 2995 und die vertiefenden Ausführungen in Abschn. 4.5 und 4.6).

▶ **Begriff – Die Rahmen- und Detailstruktur einer Organisation:** *Von der Rahmenstruktur, welche die oberste Ebene gestaltet und damit globalen, unternehmungsübergreifenden Charakter aufweist, ist die Detailstruktur, welche die tiefer gelegenen Organisationseinheiten mit detailliert-speziellen Regeln gestaltet, zu unterscheiden. Alternativ wird auch zwischen Makro- bzw. Grobstruktur (Rahmenstruktur) und Mikro- bzw. Feinstruktur* (Detailstruktur) *unterschieden.(Vgl. Grochla* 1982/1995, *S. 10 und 25 sowie Drumm* 1992, *Sp. 1589).*

Einfluss auf das „Agenda Setting"

Durch organisatorische Entscheidungen auf oberster Ebene wird *maßgeblich auf die strategische Anpassungsfähigkeit der Unternehmung Einfluss genommen* (vgl. Kieser 1993, Sp. 2995): Es wird definiert, welche Umweltprobleme hauptsächlich wahrgenommen und mit welchen Prioritäten sie behandelt werden. Mit anderen Worten: Die Organisation hat einen großen Einfluss auf das „Agenda Setting" in der Unternehmungsplanung und -steuerung (vgl. Hall und Saias 1980, S. 156 ff.; Steinmann et al. 2013, S. 147). Sie steuert z. B. Informationsströme, baut Wahrnehmungsschwellen ein und selektiert die Bereiche zulässiger Lösungen. Insofern zählen wir die Auswahl eines Organisationsrahmens zu den bedeutendsten organisationspolitischen Entscheidungen.

Der zweite Aspekt, der die große Bedeutung der Organisation auf oberster Ebene illustriert, betrifft die Ausgestaltung der Unternehmungsspitze an sich.

Zentrale Bedeutung für die Corporate Governance

Im Rahmen der normativen Unternehmungsführung (zur normativen, strategischen und operativen Unternehmungsführung vgl. Bleicher 2011, S. 85 ff.; Hungenberg und Wulf 2015, S. 23 ff.) gilt es, an der Unternehmungsspitze u. a. die Corporate Governance zu regeln. Darunter ist „[...] das System von Regeln und Prozeduren, welche in der Führung und Kontrolle einer Unternehmung angewandt werden sollen [...]" (Dubs 2015, S. 40) zu verstehen. Ein maßgeblicher Teil dieser Regeln und Prozeduren beziehen sich auf die organisatorische Gestaltung der Gremien an der Spitze der Unternehmung (oder Institution), wie sowohl die Analyse des Swiss Code of Best Practice for Corporate Governance als auch des Swiss Foundation Code 2015 exemplarisch zeigen (beispielsweise Aufgabe, Zusammensetzung, Organisation und Funktionsweise des obersten Gremiums, Bildung von Ausschüssen und Kontrollmechanismen, vgl. Economiesuisse 2016; Sprecher et al. 2015. Dasselbe gilt im Übrigen auch für den „Corporate Governance Kodex" in Deutschland und Österreich).

Durch diese Regelungen werden weitere organisatorische (und andere) Entscheidungen auf den untergeordneten Ebenen der Unternehmung vorgesteuert.

Aufgaben auf oberster Führungsebene

Die Folge für den organisatorischen Gestaltungsprozess ist klar: *Die Gestaltung der Corporate Governance gehört eindeutig in den Aufgabenbereich der obersten Organe (z. B. Verwaltungsrat), die Gestaltung der Rahmenstruktur in den Aufgabenbereich der obersten Organe und der Geschäftsleitung*, weil alle weiteren organisatorischen Entscheidungen dadurch vorgesteuert werden und sie zwingend mit der Unternehmungsstrategie abzustimmen sind (vgl. dazu die detaillierte Darstellung der Bezugsebenen für die organisatorische Gestaltung in Abschn. 5.4).

Wie wir im Kap. 4 zeigen, ist der Organisation im heutigen Umfeld eine Bedeutung beizumessen, welche weit über die bisher dargelegte Relevanz hinausgeht.

Weiterführende Literatur

Interessierten Lesenden empfehlen wir zur Vertiefung der in Kap. 3 behandelten Themenbereiche folgende Artikel und Werke:

Ausgewählte Klassiker zur Organisation

Grochla, Erwin (1978). Einführung in die Organisationstheorie. Stuttgart: Poeschel.

Grochla, Erwin (1982/1995). Grundlagen der organisatorischen Gestaltung. Stuttgart: Schäffer-Poeschel. (unveränderter Nachdruck 1995).

Kieser, Alfred; Walgenbach, Peter (2010). Organisation, 6. Aufl. Stuttgart: Schäffer-Poeschel.

Grundlagen der Organisation

Bea, Franz Xaver; Göbel, Elisabeth (2019). Organisation. Theorie und Gestaltung, 5. Aufl. München: UKV.

Schreyögg, Georg (2016). Grundlagen der Organisation. Basiswissen für Studium und Praxis, 2. Aufl. Wiesbaden: Gabler.

Vahs, Dietmar (2019). Organisation. Ein Lehr und Managementbuch, 10. Aufl. Stuttgart: Schäffer-Poeschel.

Effektivität und Effizienz

Bea, Franz Xaver; Göbel, Elisabeth (2019). Organisation. Theorie und Gestaltung, 5. Aufl. München: UKV., S. 32–39

Frese, Erich; Graumann, Matthias; Theuvsen, Ludwig (2012). Grundlagen der Organisation. Entscheidungsorientiertes Konzept der Organisationsgestaltung, 10. Aufl. Wiesbaden: Springer Gabler, S. 290–318

Change Management

Höfler, Manfred; Bodingbauer, Dietmar; Dolleschall, Hubert; Schwarenthorer, Franz u. a. (2018). Abenteuer Change Management. Handfeste Tipps aus der Praxis für alle, die etwas bewegen wollen, 6. Aufl. Frankfurt a. M.: Frankfurter Allgem. Buch.

Krüger, Wilfried; Bach, Norbert [Hrsg.] (2014). Excellence in Change. Wege zur strategischen Erneuerung, 5. Aufl. Wiesbaden: Springer Gabler.

Management, Managementfunktionen und Führungsinstrumente

Steinmann, Horst; Schreyögg, Georg; Koch, Jochen (2013). Management. Grundlagen der Unternehmensführung. Konzepte – Funktionen – Fallstudien, 7. Aufl. Wiesbaden: Springer Gabler, S. 6–13

Capaul, Roman; Steingruber, Daniel (2016). Betriebswirtschaft verstehen. Das St. Galler Management-Modell, 3. Aufl. Zürich: Cornelsen

Literatur

Bach, Norbert, Carsten Brehm, Wolfgang Buchholz, und Thorsten Petry. 2017. *Organisation. Gestaltung wertschöpfungsorientierter Architekturen, Prozesse und Strukturen*, 2. Aufl. Wiesbaden: Springer Gabler.

Bea, Franz Xaver, und Elisabeth Göbel. 2019. *Organisation. Theorie und Gestaltung*, 5. Aufl. München: UVK.

Bleicher, Knut. 2011. *Das Konzept Integriertes Management. Visionen – Missionen – Programme*, 8. Aufl. Frankfurt: Campus.

Bühner, Rolf. 2004. *Betriebswirtschaftliche Organisationslehre*, 10. Aufl. München/Wien: Oldenbourg.

Burton, Richard M., Børge Obel, und Dorthe Døjbak Håkonsson. 2015. *Organizational design. A step-by-step approach*, 3. Aufl. Cambridge: Cambridge University Press.

Drucker, Peter F. 1974. *Management. Tasks, responsibilities, practices, reprinted*. London: HarperBusiness.

Drumm, Hans Jürgen. 1992. Organisationsplanung. In *Handwörterbuch der Organisation*, Hrsg. Erich Frese, 3. Aufl., 1589–1602. Stuttgart: Schäffer-Poeschel.

Dubs, Rolf. 2015. *Normatives Management. Ein Beitrag zu einer nachhaltigen Unternehmensführung und -aufsicht*, 3. Aufl. Bern: Haupt.

Economiesuisse. 2016. *Swiss code of best practice for corporate governance*. Zürich: Economiesuisse.

Fessmann, Klaus-Dieter. 1980. *Organisatorische Effizienz in Unternehmungen und Unternehmungsteilbereichen*. Düsseldorf: Mannhold.

Furger, Ignaz. 2013. *Strategie-Leitfaden*. Zürich: WEKA Zürich.

Galbraith, Jay R. 2014. *Designing organizations. Strategy, structure, and process at the business unit and enterprise level*, 3. Aufl. San Francisco: Jossey-Bass.

Grochla, Erwin. 1972. *Unternehmungsorganisation. Neue Ansätze und Konzeptionen*. Reinbek bei Hamburg: Rowohlt Taschenbuch.

Grochla, Erwin. 1978. *Einführung in die Organisationstheorie*. Stuttgart: Schäffer-Poeschel.

Grochla, Erwin. 1982/1995. *Grundlagen der organisatorischen Gestaltung*. Stuttgart: Schäffer-Poeschel.

Grundei, Jens. 2012. Organisations-Controlling. Idee – Aufgaben – Konzeption. In *Organisations-Controlling, Band 1 GoBS-Schriften für Wirtschaft und Verwaltung*, Hrsg. Jens Grundei, Oliver Pulcher, Ludger Becker, und Norbert Stöhr, 5–20. Essen: MA Akademie Verlags- und Druck-Gesellschaft.

Grünig, Rudolf, und Richard Kühn. 2017. *Prozess zur Lösung komplexer Entscheidungsprobleme. Ein heuristischer Ansatz*, 5. Aufl. Berlin: Springer Gabler.

Hall, David J., und Maurice A. Saias. 1980. Strategy follows structure! *Strategic Management Journal* 1(2): 149–163.

Hamel, Winfried. 1992. Zielsysteme. In *Handwörterbuch der Organisation*, Hrsg. Erich Frese, 3. Aufl., 2634–2652. Stuttgart: Schäffer-Poeschel.

Hill, Wilhelm. 1980. Organisationsziele. In *Handwörterbuch der Organisation*, Hrsg. Erwin Grochla, 2. Aufl., 1814–1825. Stuttgart: Schäffer-Poeschel.

Hofer, Charles W., und Dan Schendel. 1978. *Strategy formulation: Analytical concepts*. South-Western: St. Paul (Minnesota).

Höfler, Manfred, Dietmar Bodingbauer, Hubert Dolleschall, Franz Schwarenthorer, et al. 2018. *Abenteuer Change Management. Handfeste Tipps aus der Praxis für alle, die etwas bewegen wollen*, 6. Aufl. Frankfurt a. M.: Frankfurter Allgem. Buch.

Hungenberg, Harald, und Torsten Wulf. 2015. *Grundlagen der Unternehmensführung. Einführung für Bachelorstudierende*, 5. Aufl. Wiesbaden: Springer.

Kesler, Gregory, und Amy Kates. 2016. *Bridging organization design and performance. 5 ways to activate a global operating model*. Hoboken: John Wiley & Sons.

Kieser, Alfred. 1993. Organisation. In *Handwörterbuch der Betriebswirtschaft*, Hrsg. Waldemar Wittmann, 5. Aufl., 2988–3006. Stuttgart: Schäffer-Poeschel.

Kieser, Alfred, und Peter Walgenbach. 2010. *Organisation*, 6. Aufl. Stuttgart: Schäffer-Poeschel.

Kühn, Richard, und Rudolf Grünig. 1991. Der Führungs-Mix. Ein Ansatz zur Diagnose von Führungsproblemen. *Die Unternehmung* 45(4): 226–240.

Liu, Chengwei. 2019. Glückliche Umstände. Wie der Zufall im Management für brillante Ergebnisse sorgt. *Zeitschrift Führung + Organisation* 88(3): 157–161.

Schreyögg, Georg, und Daniel Geiger. 2016. *Organisation. Grundlagen moderner Organisationsgestaltung. Mit Fallstudien*, 6. Aufl. Wiesbaden: Springer Gabler.

Sprecher, Thomas, Philipp Egger, und Georg von Schnurbein. 2015. *Swiss Foundation Code 2015. Grundsätze und Empfehlungen zur Gründung und Führung von Förderstiftungen*. Basel: Helbing Lichtenhahn.

Stanford, Naomi. 2015. *Guide to organisation design. Creating high-performing and adaptable enterprises*, 2. Aufl. New York: John Wiley & Sons.

Starker, Vera, und Tilman Peschke. 2017. *Hypnosystemische Perspektiven im Change Management: Veränderung steuern in einer volatilen, komplexen und widersprüchlichen Welt*. Wiesbaden: Springer Gabler.

Steinmann, Horst, Georg Schreyögg, und Jochen Koch. 2013. *Management. Grundlagen der Unternehmensführung. Konzepte – Funktionen – Fallstudien*, 6. Aufl. Wiesbaden: Springer Gabler.

Thom, Norbert. 1990. Zur Effizienz der Matrix-Organisation. In *Zukunftsperspektiven der Organisation. Festschrift zum 65. Geburtstag von Professor Dr. Robert Staerkle*, Hrsg. Knut Bleicher und Peter Gomez, 239–270. Bern: Stämpfli.

Thom, Norbert, und Andreas P. Wenger. 2004. Organisationsmanagement und Organisationsabteilung. In *Handwörterbuch Unternehmensführung und Organisation*, Hrsg. Georg Schreyögg und Axel von Werder, 4. Aufl., 1033–1041. Stuttgart: Schäffer-Poeschel.

Vahs, Dietmar. 2019. *Organisation. Ein Lehr- und Managementbuch*, 10. Aufl. Stuttgart: Schäffer-Poeschel.

Walgenbach, Peter, und Nikolaus Beck. 2004. Messung von Organisationsstrukturen. In *Handwörterbuch Unternehmensführung und Organisation*, Hrsg. Georg Schreyögg und Axel von Werder, 4. Aufl., 843–853. Stuttgart: Schäffer-Poeschel.

Welge, Martin K. 1987. *Unternehmungsführung. Bd. 2: Organisation, unter Mitwirkung von Herbert Kubicek*. Stuttgart: Schäffer-Poeschel.

Wenger, Andreas P., und Norbert Thom. 2005. *Organisationsarbeit – eine Tätigkeit im Wandel*. Glattbrugg: SGO.

Wolf, Joachim. 2013. *Organisation, Management, Unternehmensführung*, 5. Aufl. Wiesbaden: Springer Gabler.

Worren, Nicolay. 2018. *Organization Design. Simplifying Complex Systems*, 2. Aufl. London: Routledge.

Zaugg, Robert J., Andreas P. Wenger, und Norbert Thom. 2007. Theoriebausteine. In *Fälle zu Organisation und Personal. Didaktik, Fallstudien, Lösungen, Theoriebausteine*, Hrsg. Norbert Thom, Andreas P. Wenger, und Robert J. Zaugg, 5. Aufl., 351–381. Bern/Stuttgart/Wien: Haupt.

Organisation als Erfolgspotenzial und Kernkompetenz

4

Zusammenfassung

Das vierte Kapitel beginnt mit der Verdeutlichung der Beziehung zwischen Strategie und Struktur. Wir machen deutlich, wie der Wandel der Markt- und Wettbewerbsbedingungen den strategischen Entwicklungsrahmen für Unternehmungen verändert. In diesem Kontext werden danach ressourcenorientierte Überlegungen mit der Organisation in Verbindung gebracht. Wir zeigen, wie die Organisation und die organisatorische Gestaltung als Erfolgspotenzial und Kernkompetenz für Unternehmungen weiterhin an Bedeutung gewinnen und Eingang in den strategischen Entwicklungsrahmen finden.

Charakterisierung des Kapitels: Vertiefende Erläuterungen
Positionierung auf der Themenlandkarte:

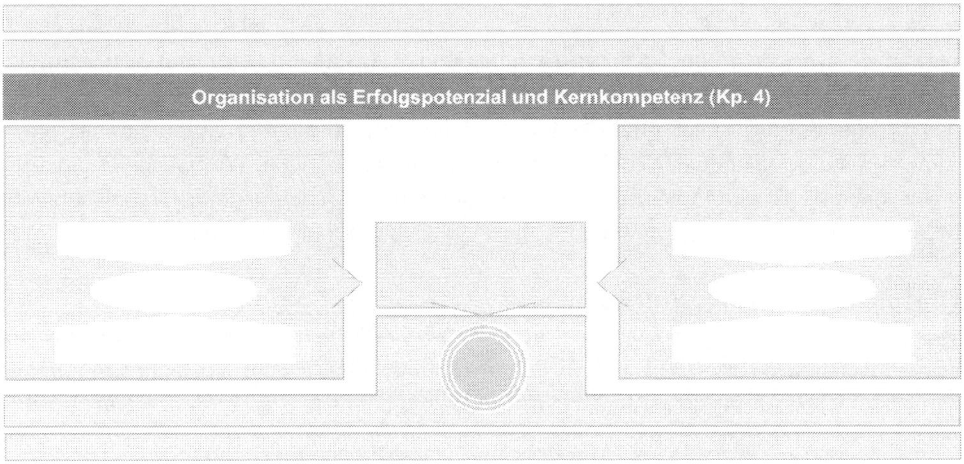

A. P. Wenger, N. Thom, *Die optimale Organisationsform*, uniscope. Publikationen der SGO Stiftung, https://doi.org/10.1007/978-3-658-32716-3_4

4.1 Verhältnis von Strategie und Struktur

Wie in Abschn. 3.1.1 im Zusammenhang mit dem instrumentalen Organisationsbegriff verdeutlicht, soll durch die organisatorische Gestaltung und die dabei getroffene Wahl einer Organisationsform die durch die Strategie angestrebte Unternehmungsentwicklung bestmöglich unterstützt werden. Organisation dient der Erreichung der obersten Unternehmungsziele – der Zusammenhang zwischen Zielen, Strategien und Strukturen ist nach dem bisher Gesagten offensichtlich.

Structure follows strategy, strategy follows structure
In der traditionellen Sichtweise der Beziehung von Struktur und Strategie unterstellte Chandler eine Mittel-Zweck-Relation im Sinne von „Structure follows strategy" (vgl. Chandler 1962, S. 14). Dies impliziert, dass die Strukturgestaltung zur organisatorischen Absicherung der Unternehmungsziele erst *nach* erfolgter Konzipierung der Unternehmungsstrategie durchgeführt wird. Diese Auffassung, in der die Strategie in einem hierarchischen Verhältnis als Vorgabegröße für die Struktur auftritt (Struktur als abhängige Variable), wird längst von anderen Interpretationen des Verhältnisses zwischen Strategie und Struktur konkurrenziert. Diese reichen von der Vermutung einer weitgehenden Unabhängigkeit über Struktur-Strategie-Modelle, die um zusätzliche Elemente erweitert wurden, bis hin zur Behauptung einer Festlegung der Strategie durch die Struktur (im Sinne von „Strategy follows Structure" vgl. Wolf 2004, Sp. 1381).

Vielschichtige Wechselwirkungen zwischen Strategie und Struktur
Diese Interpretationsunterschiede führen uns zum Schluss, von der Unterstellung einfacher deterministischer Zusammenhänge abzusehen. Es ist von einer *wechselseitigen Beeinflussung zwischen Strategie und Struktur* auszugehen, wobei die Intensität situativ variiert. Weder strategische noch strukturelle Aspekte sind aufgrund dieser interaktiven Verkoppelung unabhängig voneinander optimierbar. Die vielschichtigen Wechselwirkungen zwingen vielmehr zu einem umfassenden Ansatz. So betrachtet ist der Einsatz der Organisation zur strategiegeleiteten Unterstützung der Unternehmungsentwicklung nur die eine Seite der Medaille. Die andere Seite bilden die in der Unternehmung wirksamen organisationsinduzierten Rückwirkungen auf die Strategie. Wir haben diese bereits weiter oben in Abschn. 3.8.2 im Zusammenhang mit der Bedeutung der Organisation auf der obersten Stufe der Unternehmungsführung beispielhaft beschrieben.

Organisation ist kein Selbstzweck
Was allerdings nach wie vor gilt, ist die Erkenntnis, dass Organisation nie Selbstzweck sein darf. Wir wiederholen: Die Aufgabengliederung fokussiert grundsätzlich den unternehmerischen Leistungsprozess für den Kunden (vgl. Abschn. 3.2). *Im Leistungsprozess entsteht die Wertschöpfung der Unternehmung für deren Kunden, wodurch die Unternehmung sich legitimiert.* Mit einer möglichst optimalen Organisationsstruktur soll im Endergebnis nichts anderes als eine zielgerichtete, effektive und effiziente Wertschöpfung ermöglicht werden.

Es geht daher in den weiteren Überlegungen nicht darum, zu ergründen, welches der beiden Führungsinstrumente fallweise zuerst stehen könnte. Vielmehr gehen wir davon aus, dass die Organisation aufgrund ihrer Wirkungen, im Sinne einer verschärften *Inside-out-* (oder *ressourcenorientierten*) Sichtweise, Beachtung als strategisch relevante Variable verlangt.

► **Begriff – Marktorientierter vs. ressourcenorientierter Ansatz:** *Zur Erklärung des strategischen Erfolges von Unternehmungen sind unterschiedliche Argumentationsweisen denkbar. Im* **marktorientierten Ansatz** *(market-based view) werden in einer Outside-in-Perspektive als dominante Bestimmungsfaktoren einerseits die Strukturmerkmale der Branche, andererseits das tatsächliche* Wettbewerbsverhalten *der Unternehmungen hinzugezogen.*

Demgegenüber argumentiert der **ressourcenorientierte Ansatz** *(resource-based view) in einer Inside-out-Perspektive mit spezifischen Ressourcenausstattungen der Unternehmungen, die* Wettbewerbsvorteile *begründen und den strategischen Erfolg erklären. Grundlegende Annahme ist hierbei, dass sich Unternehmungen hinsichtlich ihrer Ressourcenausstattung unterscheiden, weil Ressourcen aufgrund der Unvollkommenheit der Faktormärkte heterogen sind.*

Es ist nach diesem Verständnis die Einzigartigkeit des Ressourcenpools *einer Unternehmung bzw. die Asymmetrie in der Ressourcenausstattung zwischen Unternehmungen, welche die Grundlage von Wettbewerbsvorteilen bildet. (Vgl. Grünig und Kühn* 2014, *S. 249 ff. Speziell zum ressourcenorientierten Ansatz vgl. Peteraf* 1993, *S. 180 sowie Rasche und Wolfrum* 1994, *S. 503).*

Der *marktorientierten* Sichtweise sprechen wir damit keineswegs die Berechtigung ab. Es geht uns vielmehr um die notwendige und konsequente Ergänzung der *Outside-in-* durch die *Inside-out*-Perspektive im Sinne ihrer bestmöglichen Kombination.

Wir sind der festen Überzeugung, dass diese veränderte Wahrnehmung insbesondere auch einen veränderten Kontext für die Bewertung und Auswahl effektiver und effizienter Organisationsformen ergibt. Daher stellen wir die Hintergründe und die dabei herangezogenen theoretischen Konzepte sowie deren Bedeutung in den folgenden Abschnitten weiter vor. Wir beginnen mit einer Analyse der Veränderungen in der Unternehmungsumwelt.

4.2 Herausforderung durch den Wandel der Markt- und Wettbewerbsbedingungen

4.2.1 Disruptive Kräfte führen zu komplexen, chaotischen und instabilen Umweltbedingungen

Der Wandel relevanter Rahmenbedingungen unternehmerischer Arbeit in konzentrierten Wellen ist historisch betrachtet an sich nichts Außergewöhnliches (vgl. beispielsweise

Galbraith 1994). Außergewöhnlich sind demgegenüber jeweils die spezifischen Ursachen solcher Turbulenzen und die daraus resultierenden Herausforderungen, denen sich die wirtschaftlichen Akteure stellen müssen. Dies gilt auch für die fundamentalen Veränderungen in den Markt- und Wettbewerbsbedingungen, mit denen sich eine Vielzahl von Unternehmungen in den letzten Jahren konfrontiert sah.

Ursachen für Wandel …

Die heutige Umwelt von Unternehmungen und anderen Institutionen ist von beinahe ständigen Diskontinuitäten geprägt (vgl. Dobbs et al. 2015, S. 3): Neue Wettbewerber wachsen praktisch unbemerkt heran und stehen plötzlich mitten auf der Bühne. Geschäftsfelder, die bisher vor Konkurrenz geschützt waren, kommen unerwartet unter Druck. Neue Märkte scheinen aus dem Nichts heraus zu entstehen. Lange gültige, kontinuierliche Trends verlieren ihre Aussagekraft usw. Dobbs et al. (2015) identifizieren als Hintergrund vier große disruptive Kräfte, welche viele unserer bisherigen Grundannahmen und Verhaltensweise erfolgreichen Handelns entwerten (andere Trenddarstellungen, allerdings in den daraus abgeleiteten Konsequenzen vergleichbar finden sich beispielsweise bei Marlinghaus und Rast 2013 oder Müller-Stewens und Lechner 2016):

1. *Eine gewaltige, weltweit wirksame Urbanisierung:* Einerseits verschieben sich die Schwerpunkte der weltwirtschaftlichen Aktivität und Dynamik zunehmend Richtung Osten und Süden in neue, aufstrebende Märkte. Andererseits konzentriert sich die wirtschaftliche Aktivität innerhalb dieser Märkte gleichzeitig in Städten, die zu Hubs für Prosperität und Wachstum werden.
2. *Der sich in Umfang, Ausmaß und Wirkung beschleunigende technologische Wandel:* Technologie war schon immer ein zentraler Pfeiler der menschlichen Entwicklung. Heute aber ist sie im privaten und beruflichen Umfeld allgegenwärtig und entwickelt sich exponentiell weiter. Innovationen auf praktisch allen denkbaren technologischen Ebenen führen zu einer nie da gewesenen Schnelligkeit im Wandel.
3. *Die in großen Teilen der Welt beobachtbare Alterung der Bevölkerung:* Im Jahr 2014 lebten circa 60 % der Weltbevölkerung in Ländern mit einer Fruchtbarkeitsrate unterhalb 2.1 Kinder pro Frau, die für eine stabile Bevölkerungszahl nötig ist (vgl. Dobbs et al. 2015, S. 56.). Knappe Arbeitskräfte, die sich daraus ergebende Notwendigkeit ständiger Produktivitätsgewinne sowie Druck auf die Staatsfinanzen wegen dem immer größeren Anteil zu versorgender alter Menschen verändern das wirtschaftliche Umfeld und Potenzial nachhaltig.
4. *Ein ständig größeres Ausmaß von Verbindungen und Verknüpfungen des Handels und weltweiter Ströme von Kapital, Menschen und Informationen:* Aus einer Serie von Informations-, Handels- und Finanzierungsverbindungen zwischen den herkömmlichen Zentren, vorwiegend in Europa und Nordamerika, ist über die letzten Dekaden ein komplexes, verworrenes und wild wucherndes, weltweites Netz entstanden. In ihm werden in allen denkbaren Richtungen Produkte, Dienstleistungen, Kapital, Menschen und Informationen verschoben. Daraus ergeben sich unvergleichliche Möglichkeiten, es entstehen aber auch bisher nicht gekannte Volatilitäten.

... daraus wachsende Herausforderungen
Die Folge ist eine auf *globaler Ebene hochgradig arbeitsteilige und vernetzte, durch hohe Änderungsdynamik und große Heterogenität gekennzeichnete, von steigender Komplexität und Unsicherheit betroffene Wirtschaft.*

▶ **Begriff – „VUCA-Welt“:** *Die Eigenheiten der heutigen Unternehmungsumwelt werden oftmals unter der Bezeichnung „VUCA-Welt“ oder „VUCA-Umwelt“ zusammengefasst. Dieses Kürzel steht für eine Unternehmungsumwelt, die durch hohe Volatilität (V), grosse Unsicherheit (U) und Komplexität (C von „Complexity“) sowie Ambiguität (A) gekennzeichnet ist. (Vgl. Nowotny* 2018, *S. 247 ff.)*

4.2.2 Grosse Herausforderungen in der „VUCA-Umwelt“

Diese „VUCA-Umwelt“ stellt das Geschäftsmodell- und Wertschöpfungsmanagement der darin operierenden Unternehmungen vor *große Herausforderungen*:

- Erreichte Wettbewerbspositionen sind labiler und kurzfristiger dominierbar (vgl. McGrath 2013, S. 5 ff.): *Strategische Schwerpunkte und Kernkompetenzen von Unternehmungen sind kontinuierlichen Veränderungen unterworfen.* Die abschöpfbaren Werte verschieben sich viel rascher zu immer neuen Aktivitäten, die für die Kunden wichtiger werden; Traditionelle Branchengrenzen lösen sich als Abgrenzungseinheiten einer erfolgreichen Positionierung auf und die Grundlagen für den Aufbau von Wettbewerbsvorteilen werden vielschichtiger, komplexer und wandeln sich rascher.
- Die Realisierung von Mehrwert wird zunehmend zu einer Frage der Fähigkeit, die eigenen Grenzen zu überwinden (vgl. Wenger und Thom 2018, S. 102): Der *relevante Fokus löst sich von der unternehmungseigenen Wertschöpfungskette und weitet sich auf das gesamte Wertschöpfungssystem aus.* Endprodukte und -dienstleistungen sind Frucht vielfältiger und mehrdimensionaler Kooperationen in offenen Netzwerken bzw. hybriden Organisationsstrukturen. In ihnen wird in einem engen, interdependenten und wechselnden Zusammenspiel von Kunden, Unternehmung, Expertinnen und sogar Konkurrenten durch Kosten- und Flexibilitätsvorteile, durch Risikoreduzierung und Marktskalierung oder Ressourcen-, Wissens- und Lerneffekte Wert geschöpft (vgl. Celko 2013, S. 37).
- Die Fähigkeit, sich im Einklang mit der Umwelt zu wandeln und zu erneuern, wird zur Überlebensfrage (vgl. Hamel 2012, S. 85 ff.; Krüger 2014, S. 2 f.; de Smet und Gagnon 2018, S. 3 f.): *Flexibilität und Reaktionszeit sind für Unternehmungen kritische Erfolgsfaktoren.* Leistungserstellungs-, Logistik- und Führungsprozesse müssen rasch neu ausgerichtet und die nötigen Ressourcen schnell und flexibel rekonfiguriert werden, möglichst so, dass die Leistungsfähigkeit und das Unternehmungssystem insgesamt nicht leiden.

4.2.3 Folgen für den strategischen Entwicklungsrahmen

Der skizzierte Wandel hat für den strategischen Entwicklungsrahmen der Unternehmungen tief greifende Auswirkungen:

- In einer Welt, in der sich viele traditionelle Branchengrenzen und Wertschöpfungsstrukturen auflösen, macht die klassische strategische Analyseeinheit der Branche (bzw. des Sektors oder der Industrie) für eine Unternehmung nicht mehr zwingend Sinn (vgl. McGrath 2013, S. 9 ff.). Ins Zentrum rückt die *Arena, die durch die spezifischen Verbindungen zwischen Kunden und Lösungen charakterisiert ist* und auf den Kundennutzen (zum Begriff des Kundennutzen vgl. Stähler 2015, S.11 f.) zielt.
- Wenn das Wertschöpfungssystem für die Realisierung von Mehrwert im Fokus steht, kann das adäquate strategische Verhalten der Unternehmungen nicht mehr nur mit dem Rückgriff auf die klassische, außenorientierte Positionierung der Strategieentwicklung (Produkt/Angebot, Marktsegment und geografischer Raum) definiert werden. Sie muss um die *Dimension der Wertschöpfung ergänzt werden*. Nur in einem über beide Dimensionen abgestimmten und ineinandergreifenden Geschäftsmodell lassen sich heute Wettbewerbsvorteile erringen und vor allem Wert für die Unternehmung realisieren (Ertragsmechanik oder value capture, vgl. Müller-Stewens und Lechner 2016, S. 253 f.).
- Schließlich verlangt eine kontinuierliche Entwicklung und Erneuerung im Einklang mit der Umwelt den Aufbau eines agilen Unternehmungssystems (vgl. Worley et al. 2014, S. 18 f.): *Agilität ist für eine Unternehmung ein strategisch zentraler Faktor, um über lange Frist überdurchschnittliche Ergebnisse zu erzielen.* Die Möglichkeit zur raschen Re-Konfiguration von Fähigkeiten und Ressourcen ist zentral.

► **Begriff – Agilität:** *Worley, Williams & Lawler III umschreiben Agilität als dynamische Fähigkeit von Unternehmungen, ihre Umwelt zu erfassen und auf Änderungen zeitgerecht und rasch mit nachhaltigen Lösungen zu reagieren. Dies indem Ressourcen schnell neu zugeordnet, neue Fähigkeiten aufgebaut und nicht mehr benötigte Ressourcen und Fähigkeiten aus dem System entfernt werden. Diese Re-Konfiguration erfolgt dabei nicht einmalig, sondern immer und immer wieder. (Vgl. Worley et al.* 2014, *S. 19).*

Unter den geschilderten Umständen ist es damit nicht mehr möglich, Potenziale für möglichst lange wirkende Wettbewerbsvorteile mit einer rein umweltorientierten Perspektive (outside-in) zu erkennen, aufzubauen und zu erhalten.

Outside-in und inside-out

In der Fähigkeit einer Unternehmung, Wettbewerbsvorteile möglichst nachhaltig zu verteidigen, liegt jedoch eine zentrale Voraussetzung für den Aufbau strategischer Erfolgsfaktoren und damit ganz allgemein für den Unternehmungserfolg. Daher sind es die eigenen Ressourcen und Fähigkeiten einer Unternehmung sowie deren spezifische

Konfiguration, die verstärkt und ergänzend in den Fokus der Betrachtungen gelangen (inside-out): Sie ermöglichen eine starke Verbreiterung der Basis für die Formulierung einer nachhaltigen Strategie.

Der Kunde im Zentrum

Damit wird in keiner Weise einer unternehmungsinternen, ressourcenbezogenen Nabelschau das Wort geredet. *Der Kunde mit seinen Wünschen und Bedürfnissen ist und bleibt der wichtigste Bezugspunkt: Die Unternehmung legitimiert sich durch Wertschöpfung für ihn.* Die beschriebene Perspektivenerweiterung erlaubt aber, durch das bewusste Erschließen innerer Fähigkeiten und Kompetenzen, Vorteile für die Strategie zu erkennen und zu nutzen, die sich bei alleiniger Betrachtung vorhandener und neuer Marktmöglichkeiten nicht ergäben. Durch die Berücksichtigung des ressourcenorientierten Ansatzes ergibt sich insbesondere auch im Hinblick auf die *Machbarkeit* entworfener und konkurrierender Strategien ein insgesamt realistischeres Bild.

Um die Rolle der Organisation im Kontext der beschriebenen Veränderungen und Herausforderungen zu klären, gehen wir in den folgenden beiden Abschnitten vertieft auf ihre Bedeutung als Erfolgspotenzial und Kernkompetenz für Unternehmungen ein.

4.3 Organisation als Erfolgspotenzial

Basis strategischer Erfolgsfaktoren bilden sogenannte Erfolgspotenziale. Darunter werden generell Grundlagen für zukünftige, möglichst dauerhafte und überdurchschnittliche Gewinne verstanden. Aus einer ressourcenorientierten Sichtweise sind Erfolgspotenziale *spezifische Ressourcen und Fähigkeiten einer Unternehmung, durch die sich ihr Erfolg dauerhaft beeinflussen lässt.* Erfolgspotenziale müssen *knapp und wertvoll* sein, damit aus ihnen überhaupt Wettbewerbsvorteile entstehen können.

▶ **Begriff – Knappheit von Ressourcen und Fähigkeiten:** *Ressourcen und Fähigkeiten müssen knapp sein, weil ihr Besitz andernfalls keine Wettbewerbsvorteile schafft, da Konkurrenten sie auch erlangen und einsetzen können. Als wertvoll erweisen sie sich, wenn sie die Erbringung von Leistungen auf dem Markt effektiver und effizienter ermöglichen, dem Kunden einen Nutzen verschaffen, d. h. marktgerecht sind. (Vgl. Barney* 1991, *S. 106; Bamberger und Wrona* 1996, *S. 135).*

Die *dauerhafte* Beeinflussung des Unternehmungserfolgs durch so geschaffene Wettbewerbsvorteile ist mit der Erfüllung dieser beiden Charakteristiken (Knappheit, Wert) aber noch nicht gesichert. Die Ressourcen nutzen sich einerseits ab, andererseits unterliegen sie ständig der Gefahr der Nachahmung durch Konkurrenten.

Sichern eines möglichst nachhaltigen Wettbewerbsvorteils

Damit die Wettbewerbsvorteile möglichst nachhaltig sind und in ihrer Wirkung weit genug in die Zukunft reichen, um die getätigten Investitionen zu rentabilisieren, müssen die zugrunde liegenden Ressourcen und Fähigkeiten folgende zusätzliche Eigenschaften aufweisen: Sie müssen *dauerhaft, schlecht transferierbar, begrenzt imitierbar* und *beschränkt substituierbar* sein (vgl. hierzu die ähnlichen Systematisierungen bei Grant 1991, S. 124 ff.; Rasche und Wolfrum 1994, S. 503 ff.; Bamberger und Wrona 1996, S. 135 ff.). Obwohl diese Eigenschaften für Analysezwecke getrennt aufgeführt sind, kann von keiner Unabhängigkeit zwischen ihnen ausgegangen werden (vgl. Peteraf 1993, S. 185). Beschränkte Transferierbarkeit, Imitierbarkeit und Substituierbarkeit basieren auf ähnlichen Ursachen, wie die folgenden Ausführungen verdeutlichen.

Die Bedeutung der Organisation in einem strategischen Kontext wird dadurch klarer: Als entsprechend entwickelter und aufgebauter Pool unternehmungsspezifischer Ressourcen (Organisation als geschaffenes System von Verhaltens- und Leistungsregeln) und unternehmungsspezifischer Fähigkeiten und Aktivitäten (Organisation als Managementfunktion bzw. -tätigkeit) ist Organisation nicht nur ein Instrument der Unternehmungsführung, sondern *zugleich zentrales Erfolgspotenzial einer Unternehmung.*

Eigenschaften wettbewerbsförderlicher Ressourcen: knapp, wertvoll, dauerhaft
Die organisatorischen Ressourcen und Fähigkeiten weisen besonders in Unternehmungen ab einer bestimmten Größe grundsätzlich alle Eigenschaften auf, um als Basis möglichst lang wirkender Wettbewerbsvorteile zu dienen:

- Sie sind insofern *knapp*, als zu ihrem Aufbau in der Entwicklung einer Unternehmung umfassende, interne Vorleistungen und Investitionen in einem sozial komplexen Rahmen notwendig sind.
- Sie sind *wertvoll*, weil die Leistungserstellung und damit *Wertschöpfung* erst mit der zielgerichteten Arbeitsteilung und Koordination der Unternehmungsaktivitäten durch die Organisation ermöglicht werden.
- Organisatorische Ressourcen und Fähigkeiten sind *dauerhaft*, weil sie sich durch Gebrauch nicht abnutzen. Die organisatorischen Routinen werden erst durch die ständigen Verfeinerungen im komplexen Zusammenspiel der einzelnen Teile des Gesamtsystems wirklich effizient und reduzieren damit die notwendige Koordinationsleistung.

▶ **Begriff – Organisationswissen:** *Das Argument der Dauerhaftigkeit gilt ganz speziell für das Organisationswissen, welches sich bei Anwendung organisatorischer Regeln durch Erfahrung sogar ständig weiter anreichert und aufbaut. Voraussetzung hierfür ist allerdings ein bewusstes Organisationsmanagement, welches besonders das organisationale Lernen fördert (vgl. die entsprechende Definition bei Probst und Büchel* 1994, *S. 17 und die Ausführungen in Abschn.* 6.5).

Intangible Ressourcen

- Organisatorische Ressourcen und Fähigkeiten sind durch ihre ausgesprochene Unternehmungsspezifität *schwer* auf Konkurrenten *transferierbar*. Ein Grund für die erschwerte Transferierbarkeit liegt darin, dass eine Vielzahl der Komponenten intangible

Ressourcen sind. Zudem sind die organisatorischen Ressourcen stark mit anderen Unternehmungsressourcen vernetzt. Beide Tatsachen führen zu einer starken Verschleierung der Transparenz von Ursache-Wirkungszusammenhängen und verunmöglichen damit eine direkte Bewertbarkeit auf Märkten.

▶ **Begriff – Organisationswissen von Individuen als Spezialfall:** *Durch die Mobilität der Arbeitskräfte kann an Individuen gebundenes Organisationswissen transferiert und damit von Konkurrenten genutzt werden. Wegen seiner ebenfalls sehr hohen Spezifität in einer neuen Organisationsumgebung ist solches Organisationswissen für Konkurrenten jedoch nur teilweise direkt nutzbar.*

Spezifität bedeutet, dass wichtige Teile des Organisations-Know-how kospezialisierte Eigenschaften aufweisen (vgl. Peteraf 1993, *S. 183 f.). Das heißt eine überlegene Wirkung von Wissen kann sich nur im Verbund mit anderen spezifischen Ressourcen und Fähigkeiten der Unternehmung – d. h. in einem ganz bestimmten Kontext – entwickeln.*

Beschränkte Imitierbarkeit

- Organisatorische Ressourcen und Fähigkeiten sind *beschränkt imitierbar*, da es sich um eine sehr spezifische, heterogene und komplexe Kombination einer Vielzahl von unterschiedlichen Elementen handelt. Der bei ihrem Aufbau durchschrittene einzigartige Entwicklungspfad kann von Konkurrenten aufgrund seiner Zeit- und Ortsgebundenheit nicht kopiert werden. Zudem herrscht mindestens für Außenstehende Unklarheit über ihre genaue Konfiguration und Kausalbeziehungen zum Unternehmungserfolg.

▶ **Begriff – Kenntnis von Konfiguration und Kausalbeziehungen:** *Für nachhaltige Wettbewerbsvorteile dank kausaler Mehrdeutigkeit (Ambiguität) ist es wichtig, dass auch die Unternehmung selbst davon betroffen ist. Ansonsten können die entsprechenden Informationen von Konkurrenten mindestens teilweise beschafft werden (vgl.* Barney 1991, *S. 108 ff.). Für eine Imitation zusätzlich erschwerend ist, dass viele organisatorische Fähigkeiten und Ressourcen stark auf implizitem Wissen („tacit knowledge") basieren und ihre Koordination teilweise unbewusst oder jenseits festgelegter Regelungen und Strukturen über sozial komplexe Prozesse (informale Organisation) erfolgt. (Zum impliziten Wissen und seiner Bedeutung für die Unternehmung vgl.* Nonaka 1989, *S. 3 ff.;* Grant 1996, *S. 377 ff.)*

Nicht substituierbar

- Organisation an sich ist durch andere Ressourcen *nicht substituierbar*, weil sie sich zur Realisierung der Unternehmungsziele als unabdingbar erweist. Allerdings ist eine Substitution durch ähnliche organisatorische Ressourcen und Fähigkeiten denkbar. Aufgrund der weiter oben beschriebenen Eigenschaften organisatorischer Ressourcen und Fähigkeiten ist eine auch nur annähernd identische Lösung jedoch kaum wahrscheinlich.

Begriff – Alternativen zur Organisation: *Die Alternative zur Organisation ist der Markt. Dieser kann gewisse arbeitsteilige und koordinative Funktionen der Organisation übernehmen (vgl. z. B. die diesbezüglichen Diskussionen im Rahmen von virtuellen Organisationen), jedoch nur bis zu einem bestimmten Grad. So ist es beispielsweise kaum denkbar, dass der „Markt" die Serienproduktion eines Automobils ohne zusätzliche organisatorische Koordinationsmechanismen steuern könnte.*

4.4 Organisation als Kernkompetenz

Die Entwicklung und der Aufbau überlegener organisatorischer Ressourcen und Fähigkeiten führen aber noch nicht zu Wettbewerbsvorteilen, die der Unternehmung überdurchschnittliche Ergebnisse ermöglichen.

Weiterentwicklung der Ressourcen zu nachhaltiger Kernkompetenz
Dafür ist zusätzlich *die situationsspezifische und damit einzigartige Integration und Nutzung dieser Ressourcen und Fähigkeiten notwendig*. So sind z. B. die konkreten Schwerpunkte im Ressourcenaufbau (d. h. die unternehmungsspezifische Konfiguration organisatorischer Fähigkeiten und Ressourcen) je nach bearbeiteten Märkten unterschiedlich zu setzen. Erst durch diese und weitere geeignete Maßnahmen wird die Organisation so ausgerichtet, dass für die Unternehmung eine *nachhaltige Kernkompetenz* entsteht.

Einzigartigkeit der Organisation
Um als eine wirkliche Kernkompetenz der Unternehmung gelten zu können, müssen sich die Verknüpfung, der Einsatz, die Anwendung und die Umsetzung (und damit die Nutzung) der organisatorischen Ressourcen und Fähigkeiten an folgenden Zielgrößen orientieren (zu den generellen Eigenschaften von Kernkompetenzen vgl. Hamel und Prahalad 2006, S. 202 ff. Für eine zusammenfassende Darstellung vgl. Thom und Wenger 1996, S. 58):

1. *Wahrnehmbarer Nutzen:* Die Konfiguration und Umsetzung der organisatorischen Ressourcen und Fähigkeiten muss einen erheblichen wahrnehmbaren Nutzen für den Kunden ermöglichen. Zumindest aber ist die Realisation eines signifikanten Kostenvorteils bei der Erbringung dieses Nutzens nötig.
2. *Minimale Imitierbarkeit:* Die Möglichkeit einer Imitierung der realisierten Kombination muss für Konkurrenten minimal sein.
3. *Basis zukünftiger Produkte und Dienstleistungen:* Durch die Vernetzung, Anwendung und Umsetzung der organisatorischen Ressourcen und Fähigkeiten muss eine geschäftsübergreifend nutzbare Basis entstehen. Diese dient als Grundlage für das Wachstum einer Vielzahl zukünftig marktfähiger Produkte und Dienstleistungen (d. h. sie kann innerhalb der Unternehmung auf andere, insbesondere neue Geschäftsbereiche ausgedehnt werden) sowie für die Realisierung von Synergien.
4. *Unternehmungsspezifische Integration:* Zentral ist die unternehmungsspezifische Integration der unterschiedlichen (d. h. beispielsweise bereichs-, technologie- oder prozessübergreifenden) organisatorischen Ressourcen und Fähigkeiten.

Abb. 4.1 Nachhaltige Wettbewerbsvorteile und Organisation (Übernommen aus Wenger 1999, S. 60)

Organisation als Kernkompetenz
Organisation als Kernkompetenz ist in diesem Sinne als *miteinander vernetzte, kombinierte, angewandte, umgesetzte und damit einzigartig genutzte organisatorische Ressourcen und Fähigkeiten zu betrachten.* Sie bildet eine entwicklungsfähige Basis von unternehmerischen Wettbewerbsvorteilen. Mit anderen Worten ist es letztlich die Organisation als Kernkompetenz, welche die auf diesen Ressourcen und Fähigkeiten basierenden, zunächst noch brachliegenden unternehmungsinternen Erfolgspotenziale in Wettbewerbsvorteile ummünzt. Damit werden die Voraussetzungen für den heutigen und zukünftigen Erfolg am Markt verbessert.

Abb. 4.1 visualisiert die dargelegten Zusammenhänge.

Aus einer handlungsorientierten Sichtweise ist jetzt die Frage zu stellen, wie diese eher abstrakten Ausführungen bezüglich der Erzielung nachhaltiger Wettbewerbsvorteile durch die Organisation konkret umsetzbar sind.

4.5 Organisation als Erfolgspotenzial und Kernkompetenz: Konsequenzen für den strategischen Entwicklungsrahmen

Die Antwort lautet, dass dies hauptsächlich einer Aufwertung der Organisation im strategischen Entwicklungsrahmen bedarf.

Organisation als Aufgabe der strategischen Unternehmungsführung

- *Erstens:* Die zukunftsgerichtete Entwicklung der Kernkompetenz ‚Organisation' muss gezielt, dauerhaft und im Einklang mit der beabsichtigten Unternehmungsentwicklung erfolgen. Wir empfehlen daher nachdrücklich, dass *die Organisation als identifiziertes strategisches Erfolgspotenzial Berücksichtigung auf höchster Unternehmungsebene erfährt.* Sie gehört zu den Aufgaben der strategischen Unternehmungsführung.

Begriff – Aufgaben der strategischen Unternehmungsführung: *Die strategische Unternehmungsführung hat die langfristige Unternehmungsentwicklung und -existenz mittels Ausrichtung von Unternehmungsressourcen und -fähigkeiten auf die Umwelt sowie den Aufbau und die Erhaltung dauerhafter Erfolgspotenziale sicherzustellen. (Vgl. Hungenberg* 2014, *S. 4 ff.)*

Organisatorische Gestaltung in die Geschäftsmodellierung integrieren

- *Zweitens:* Die organisatorische Gestaltung ist auf Geschäftsstufe konzeptionell *konsequent in die Geschäftsmodellierung einzubeziehen, um ihr strategisches Potenzial zu nutzen.* Dies, weil, wie weiter oben beschrieben, die Fähigkeiten und Möglichkeiten einer Unternehmung, den Wertschöpfungsfluss bzw. die Leistungserstellung in einer bestimmten Art zu konfigurieren und auszugestalten mit darüber entscheidet, ob ein Geschäftsmodell erfolgreich ist oder nicht. *Organisatorische Kernelemente und Themenstellungen sind damit zwingend Teil der praktischen Strategieentwicklung:* Bei der konkreten Bearbeitung und Konfiguration der Wertschöpfungsdimension (wie in Abschn. 4.2.3 beschrieben, wurden die klassischen Positionierungsdimensionen der Strategieentwicklung Produkt/Angebot, Marktsegment und geografischer Raum um die *Dimension der Wertschöpfung ergänzt*) im Rahmen der Geschäftsmodellierung sind vor allem Themenfelder mit starkem organisatorischem Bezug wie z. B. kundenoptimale Konfiguration des Wertschöpfungsflusses, Art und Weise der Leistungserstellung, Wertschöpfungstiefe und Geschäftsprozesse relevant (vgl. Müller-Stewens und Lechner 2016, S. 376 ff.; Campell et al. 2018, S. 36 ff.).

Die strategische Dimension der Wertschöpfung ist dabei *unbedingt* mehr als das Umsetzungsfeld der Positionierung (vgl. Müller-Stewens und Lechner 2016, S. 353 f.). Eine erfolgreiche Geschäftsmodellierung verlangt eine *konzeptionell stimmige, integrale Verknüpfung, eine enge Verzahnung der relevanten Elemente*, die nur aus einer *Perspektive der Gleichwertigkeit und im Rahmen eines iterativen und heuristischen Prozesses* zu leisten ist.

Dieses Ineinandergreifen der unterschiedlichen Dimensionen und Elemente kommt im Business-Design-Modell von Mercer besonders gut zum Ausdruck (vgl. Abb. 4.2, modifiziert nach Baumgartner und Joas 2004, S. 153). Die organisatorischen Kernelemente sind in der Abbildung mit einer Kurve umrahmt.

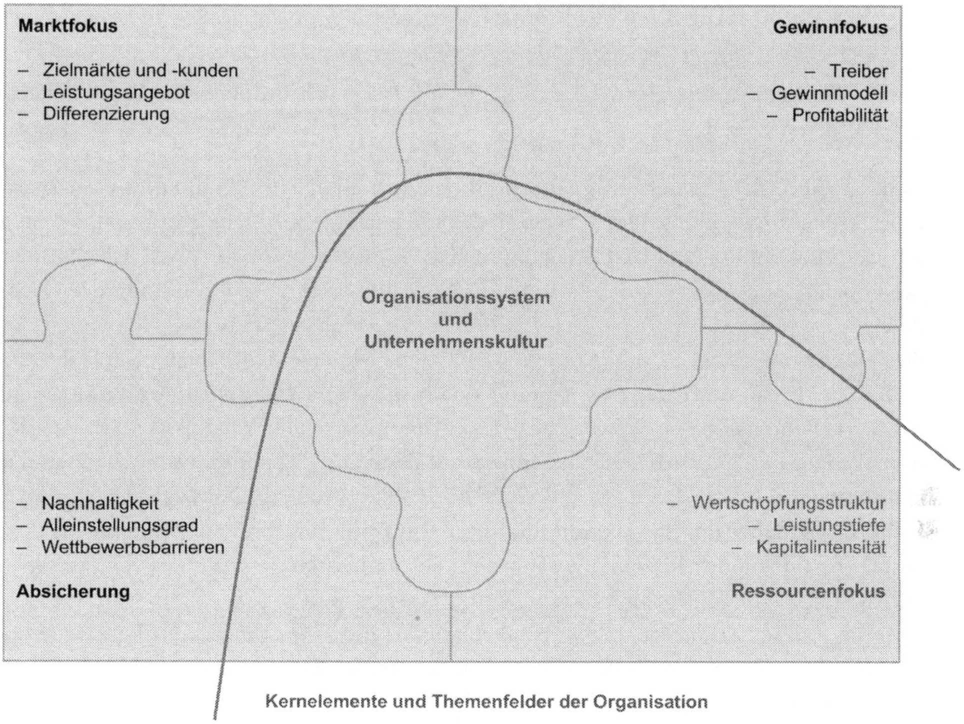

Abb. 4.2 Integrierendes Business-Design-Modell von Mercer (leicht modifiziert)

Hebelwirkung durch Leistungserstellung
Mit einem solchen Einbezug der Organisation werden die organisatorischen Ressourcen und Fähigkeiten so entwickelt und eingesetzt, dass sich die durch die Strategie beabsichtigte Hebelwirkung („leverage") durch den Wertschöpfungsfluss bzw. die Leistungserstellung realisiert. Dies ermöglicht ein wirklich strategiebewusstes Organisationsmanagement, das auch Mitverantwortung für die Erreichung der obersten Unternehmungsziele im Sinne der in Abschn. 4.1 beschriebenen Zusammenhänge von Strategie und Struktur übernehmen kann.

4.6 Veränderter Kontext für die Bewertung und Auswahl von Organisationsformen

Ein *strategiebewusstes Organisationsmanagement* wird in einer entsprechenden *Funktionsstrategie* einerseits durch die Weiterentwicklung existierender und neuer organisatorischer Ressourcen und Fähigkeiten (im Sinne des oben dargestellten Kernkompetenz-Gedankens) angestrebt. Diese sind so ausgestaltet, dass sie die Gesamteffektivität und -effizienz der Unternehmung möglichst optimal unterstützen und die Grundlage für eine erfolgreiche Unternehmungsentwicklung bieten.

Begriff – Organisatorische Funktionsstrategien: *Organisatorische Funktionsstrategien legen fest, wie und mit welchen Ressourcen die organisatorische Gestaltungsaufgabe in einer Unternehmung auf Dauer wahrgenommen werden soll. (Generell zu Funktionsstrategien vgl. Dietl* 2018*).*

Andererseits erfolgt gleichzeitig eine möglichst systematische Akkumulation, Integration und Weiterentwicklung von Wissen über organisationsbezogene Kernkompetenzen in der Unternehmung. Langfristig ermöglicht diese organisationale Wissensbasis oder Metakompetenz die ständige, dynamische und zukunftsorientierte Gestaltung der Organisation.

Wie bereits in Abschn. 3.7 im Kontext des Change Managements erläutert, erfährt die Aufgabe der organisatorischen Gestaltung durch diesen Fokus eine Erweiterung, und zwar um die Dimension der Bewältigung des organisatorischen Wandels (vgl. hierzu detailliert Wenger und Thom 2005). Im Sinne einer Dynamic Capability (zum Konzept der Dynamic Capability vgl. Habegger 2017, S. 67 ff.) bzw. von Agilität (vgl. Abschn. 4.2) handelt es sich dabei um das Wissen und die Fähigkeiten, im breiten Sinne auf die bestehende Organisationsbasis einzuwirken und sie rasch zukunftsorientiert rekonfigurieren zu können.

Aufgrund dieser Zusammenhänge bezeichnen wir die *Fähigkeit zur Entwicklung und Umsetzung neuer Organisationskonzepte als strategisches Instrument zur Sicherung und Steigerung unternehmungseigener Wettbewerbsvorteile.*

Da wir davon ausgehen, dass die reale Entscheidung für die Auswahl einer Organisationsform jeweils in einer *spezifischen Situation* zu treffen ist, muss die organisatorische Gestaltung relevante Aspekte der beschriebenen Zusammenhänge berücksichtigen. Insbesondere Verfahren zur Bewertung und Auswahl von organisatorischen Strukturalternativen haben den veränderten Kontext zu beachten. Andernfalls gehen die damit erarbeiteten Entscheidungsgrundlagen für die Ausgestaltung einer Organisationsform nicht von zeitgerechten Voraussetzungen aus.

Mit den weiteren Ausführungen unternehmen wir den Versuch, ein möglichst rationales Verfahren zur Evaluation der aufbauorganisatorischen Grundform einer Unternehmung vorzustellen, das den skizzierten Gedanken Rechnung trägt.

Weiterführende Literatur

Interessierten Lesenden empfehlen wir zur Vertiefung der in Kap. 4 behandelten Themenbereiche folgende Artikel und Werke:

Kernkompetenzen und Ressourcenorientierter Ansatz

Hamel, Gary; Prahalad, Coimbatore K. (2016). Competing for the future. Boston: Harvard Business School Press.

Müller-Stewens, Günter; Lechner, Christoph (2016). Strategisches Management. Wie strategische Initiativen zum Wandel führen, 5. Aufl. Stuttgart: Schäffer-Poeschel, 342 ff.

Erfolgsfaktoren und -potenziale

Grünig, Rudolf; Kühn, Richard (2014). Strategieplanungsprozess. Analyse, Optionen, Projekte. Bern: Haupt, S. 13 ff. und S. 136 ff.

Geschäftsmodelle

Campell, Andrew; Gutierrez, Mikel; Lancelott, Mark (2018). Operating Model Canvas. Aligning Operations and Organization with Strategy. Zaltbommel: Van Haren Publishing.

Gassmann, Oliver; Frankenberger, Karolin; Csik, Michaela (2017). Geschäftsmodelle entwickeln, 2. Aufl. München: Hanser Fachbuch.

Stähler, Patrick (2015). Das Richtige Gründen. Werkzeugkasten für Unternehmer. Hamburg: Murmann.

Literatur

Bamberger, Ingolf, und Thomas Wrona. 1996. Der Ressourcenansatz und seine Bedeutung für die Strategische Unternehmensführung. *Zeitschrift für betriebswirtschaftliche Forschung* 48(2): 130–153.

Barney, Jay B. 1991. Firm resources and sustained competitive advantage. *Journal of Management* 17(1): 99–120.

Baumgartner, Peter, und August Joas. 2004. Value Growth: Neue Strategieregeln für profitables Wachstum – ein Ansatz von Mercer Management Consulting. In *Management consulting fieldbook*, Hrsg. Dietmar Fink, 2. Aufl., 141–157. München: Vahlen.

Campell, Andrew, Mikel Gutierrez, und Mark Lancelott. 2018. *Operating model canvas. Aligning operations and organization with strategy*. Zaltbommel: Van Haren Publishing.

Celko, Max. 2013. Vernetzte Wertschöpfung. Trend Insight. In *Driving impact. Wertschöpfung in der Welt von morgen*, Hrsg. Sven T. Marlinghaus und Christian A. Rast, 37–39. München: Münchner Verlagsgruppe GmbH.

Chandler, Alfred D. 1962. *Strategy and structure. Chapters in the history of the American industrial enterprise*. Cambridge, MA/London: BEARD GROUP INC. (18. unveränderter Nachdruck 1993).

Dietl, Walter. 2018. *Strategieentwicklung für Unternehmensfunktionen. Operative Bereiche und Funktionen strategisch ausrichten*. Stuttgart: Schäffer-Poeschel.

Dobbs, Richard, James Manyika, und Jonathan Woetzel. 2015. *No ordinary disruption. The four global forces breaking all the trends*. New York: PublicAffairs.

Galbraith, John Kenneth. 1994. *A journey through economic time*. Boston: Houghton Mifflin Harcourt.

Grant, Robert M. 1991. The resource-based theory of competitive advantage: Implications for strategy formulation. *California Management Review* 33(3): 114–135.

Grant, Robert M. 1996. Prospering in dynamically-competitive environments: Organizational capability as knowledge integration. *Organization Science* 7(4): 375–387.

Grünig, Rudolf, und Richard Kühn. 2014. *Strategieplanungsprozess. Analyse, Optionen, Projekte*. Bern: Haupt.

Habegger, Anja. 2017. *Beitrag moderner Organisationsarbeit zur Zukunftsfähigkeit von Unternehmen. Eine Dynamic Capabilities-Perspektive*. Bern: Haupt.

Hamel, Gary. 2012. *What matters now. How to win in a world of relentless change, ferocious competition, and unstoppable innovation*. San Francisco: Jossey-Bass.

Hamel, Gary, und Coimbatore K. Prahalad. 2006. *Competing for the future*. Boston: Harvard Business Review Press.

Hungenberg, Harald. 2014. *Strategisches Management in Unternehmen. Ziele – Prozesse – Verfahren*, 8. Aufl. Wiesbaden: Springer Gabler.

Krüger, Wilfried. 2014. Das 3W-Modell: Bezugsrahmen für das Wandlungsmanagement. In *Excellence in Change. Wege zur strategischen Erneuerung*, Hrsg. Wilfried Krüger und Norbert Bach, 5. Aufl., 1–32. Wiesbaden: Springer Gabler.

Marlinghaus, Sven T., und Christian A. Rast. 2013. *Driving impact. Wertschöpfung in der Welt von morgen*. München: mi-Wirtschaftsbuch.

McGrath, Rita Gunther. 2013. *The end of competitive advantage: How to keep your strategy moving as fast as your business*. Boston: Harvard Business Review Press.

Müller-Stewens, Günter, und Christoph Lechner. 2016. *Strategisches Management. Wie strategische Initiativen zum Wandel führen*, 5. Aufl. Stuttgart: Schäffer-Poeschel.

Nonaka, Ikujiro. 1989. *Organizing innovation as a knowledge-creation process: A suggested paradigm for self-renewing organization*. Organizational Behavior & Industrial Relations Working Paper No. OBIR-41. Berkeley: Center for Research in Management, University of California.

Nowotny, Valentin. 2018. *Agile Unternehmen. Nur was sich bewegt, kann sich verbessern*, 4. Aufl. Göttingen: Business Village.

Peteraf, Margaret A. 1993. The cornerstones of competitive advantage: A resource-based view. *Strategic Management Journal* 14(3): 179–191.

Probst, Gilbert J. B., und Bettina S. T. Büchel. 1994. *Organisationales Lernen. Wettbewerbsvorteil der Zukunft*. Wiesbaden: Springer Gabler.

Rasche, Christoph, und Bernd Wolfrum. 1994. Ressourcenorientierte Unternehmensführung. *Die Betriebswirtschaft* 54(4): 501–517.

de Smet, Aaron, und Chris Gagnon. 2018. Organizing for the age of urgency. *McKinsey Quarterly* 54(1): 1–11.

Stähler, Patrick. 2015. *Das Richtige gründen. Werkzeugkasten für Unternehmer*. Hamburg: Murmann.

Thom, Norbert, und Andreas P. Wenger. 1996. Unternehmungsorganisation als Kernkompetenz. Auswirkungen auf organisatorische Strukturen, Prozesse und Gestaltende. In *Zukunftsorientiertes Management. Handlungshinweise für die Praxis*, Hrsg. Heike Bruch, Martin Eickhoff, und Henning Thiem, 54–70. Frankfurt a. M.: Frankfurter Allgemeine Zeitung.

Wenger, Andreas P. 1999. *Organisation Multinationaler Konzerne. Grundlagen, Konzeption und Evaluation*. Bern/Stuttgart/Wien: Haupt.

Wenger, Andreas P., und Norbert Thom. 2005. *Organisationsarbeit – eine Tätigkeit im Wandel*. Glattbrugg: SGO.

Wenger, Andreas P., und Norbert Thom. 2018. Auf der Suche nach der optimalen Organisationsform. Konzept, Aktualität und Ausblick. In *ManagementWissen. Was Leader erfolgreich macht*, Hrsg. Markus Sulzberger und Robert J. Zaugg, 95–107. Wiesbaden: Springer Gabler.

Wolf, Joachim. 2004. Strategie und Organisationsstruktur. In *Handwörterbuch Unternehmensführung und Organisation*, Hrsg. Georg Schreyögg und Axel von Werder, 4. Aufl., 1374–1382. Stuttgart: Schäffer-Poeschel.

Worley, Christopher G., Thomas Williams, und Edward E. Lawler III. 2014. *The agility factor. Building adaptable organizations for superior performance*. San Francisco: Jossey-Bass.

Anforderungen aus Rahmenbedingungen und Strategie

5

Zusammenfassung

Das fünfte Kapitel behandelt detailliert diejenigen Elemente, welche die organisatorische Gestaltung beeinflussen. Diese fügen sich anschließend in einen Bezugsrahmen für die Gestaltungssituation ein, welcher der Offenlegung relevanter Einflussfaktoren auf die Organisation dient. Wir illustrieren, wie die Idee des Bezugsrahmens in praktischen Organisationsanalysen umgesetzt wird, verdeutlichen die Bedeutung der Bezugsebene für den Organisationsprozess, erläutern den großen Wert von Gestaltungsprinzipien (Design-Kriterien) und zeigen damit insgesamt, wie die situationsspezifischen Einflüsse systematisch in die Gestaltungssituation eingebracht werden können.

Charakterisierung des Kapitels: Vertiefende Erläuterungen
Positionierung auf der Themenlandkarte:

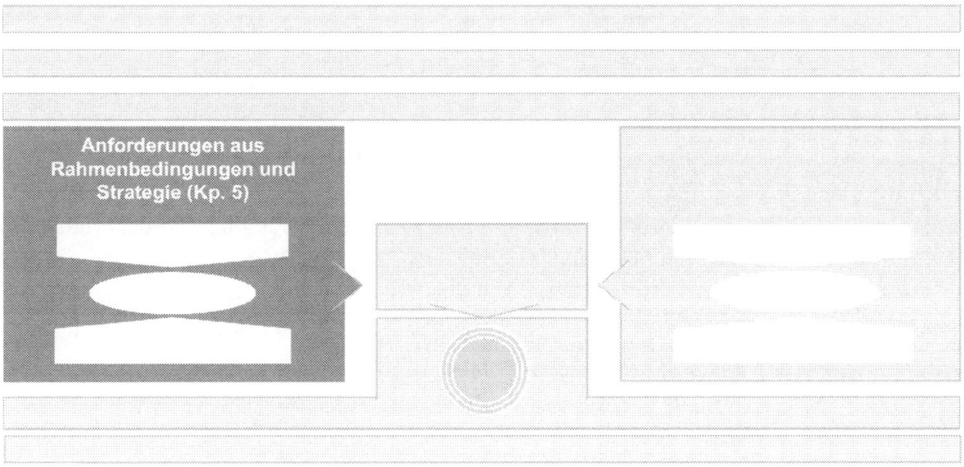

A. P. Wenger, N. Thom, *Die optimale Organisationsform*, uniscope. Publikationen der SGO Stiftung, https://doi.org/10.1007/978-3-658-32716-3_5

5.1 Einflussgrößen auf Organisationsformen

5.1.1 Vorbemerkungen

Einflussfaktoren auf die organisatorische Gestaltung
Für alle zu organisierenden Unternehmungen und Institutionen gilt: Die organisatorische Gestaltung erfolgt immer im Spannungsfeld diverser Einflussfaktoren (auch Rahmenbedingungen, Kontextfaktoren oder Bedingungen genannt). Um ihre Einwirkung auf die Organisation strukturiert aufzunehmen, werden sie mit Vorteil in einem *Bezugsrahmen* abgebildet.

▶ **Begriff - Bezugsrahmen/Framework:** *Bezugsrahmen sind analytische Instrumente, die bei wenig strukturierten Problemstellungen eingesetzt werden. Grundsätzlich bieten sie ihrer Bezeichnung entsprechend einen geeigneten Rahmen zur Ordnung des Denkens über komplexe reale Problemzusammenhänge.*

Konkret sind Bezugsrahmen bildliche Darstellungen der jeweils relevanten Grundbegriffe und der zwischen ihnen angenommenen Beziehungen. Die untersuchten Beziehungen werden dabei in Form von möglichen Ursachen und erwarteten Konsequenzen abgebildet.

Wichtig ist, möglichst alle handlungsrelevanten Inhalte und Größen, deren Hintergrundfaktoren und die allgemeinen Zusammenhänge zu berücksichtigen. Damit wird der für die angestrebte Problemlösung relevante Handlungsspielraum abgesteckt. (Vgl. Zaugg et al. 2007, *S. 354).*

Mit ihren Ausprägungen charakterisieren die Einflussfaktoren die *spezifische Situation der organisatorischen Gestaltung* einer Unternehmung bzw. einer Institution.

Die spezifische „Situation", eine Kombination von Merkmalen
Wir verstehen hier unter einer „Situation" *eine bestimmte Kombination von Merkmalen* der Umwelt, der Unternehmung/Institution, der zu erfüllenden Aufgaben sowie der zur Verfügung stehenden bzw. beschaffbaren Aktionsträger (Mensch und Maschine). Diese Situation kennt nicht nur einen heute gültigen Zustand. Sie weist auch klar identifizierbare Entwicklungstendenzen für die Zukunft auf. Je nach Bezugsebene, auf der das bearbeitete organisatorische Gestaltungsproblem liegt, unterscheidet sich die spezifische Situation auch innerhalb der betroffenen Unternehmung/Institution (vgl. Abschn. 5.4). Es gilt: Jede organisatorische Lösung muss zur entsprechenden Situation passen (vgl. dazu auch die Ausführungen zum „Fit" im Organisationsprozess in Abschn. 3.3).

Bevor sich ein passender Bezugsrahmen abbilden lässt, müssen die relevanten Einflussfaktoren systematisiert werden. Eine erste Annäherung ist ihre Zuordnung zu einer unternehmungs *externen* und einer *-internen Kategorie.*

▶ **Begriff - Externe und interne Einflussfaktoren:** *Nach dem Kriterium der Beeinflussbarkeit sind externe Faktoren jene Größen, die auf eine Unternehmung einwirken, von ihr aber nicht oder nicht allein beeinflusst werden können. Demgegenüber handelt es sich bei den internen Faktoren um Größen, die nicht nur auf die Unternehmung einwirken, sondern auch von ihr allein beeinflussbar bzw. bis zu einem gewissen Grad frei wählbar sind. Obwohl beeinflussbar, sind interne Faktoren aber keine Handlungsparameter der Unternehmungsführung. (Vgl. Wollnik* 1980, *Sp. 595; Kieser und Walgenbach* 2010, *S. 199).*

Externe Einflussfaktoren als Umsystem

Die Summe der unternehmungsexternen Einflussfaktoren bildet das *Umsystem* einer Unternehmung. Die unternehmungsinternen Einflussfaktoren stellen das *betriebliche und personelle Bedingungsgefüge* einer Unternehmung dar.

Die Grenze zwischen Umsystem und internen Unternehmungsbedingungen ist unscharf und kann sich immer wieder verändern. Ein generell gültiges Abgrenzungskriterium wurde bis jetzt durch die Forschung nicht identifiziert (zur Entwicklung der entsprechenden Diskussion vgl. Schreyögg und Geiger 2016, S. 189 ff.).

Das Grenzproblem

In diesem Zusammenhang wird auch oft vom sogenannten *Grenzproblem* gesprochen („Was gehört zur Unternehmung und was nicht?", Schreyögg 1993, Sp. 4232). Letztlich hängt die Abgrenzung von der interessierenden Perspektive bzw. der Perspektive der untersuchten Unternehmung ab. Eine zentrale Rolle bei der Abgrenzung nimmt das strategische Führungsinstrumentarium ein (vgl. Abschn. 5.1.4). Im konkreten Fall wird die Grenzziehung folglich nach Zweckmäßigkeitsüberlegungen durch das Management oder Organisationsspezialistinnen vollzogen.

▶ **Begriff - Grenzproblem und Virtualität:** *Besonders deutlich manifestiert sich das Grenzproblem bei der Analyse der in gewissen Branchen wichtigen* virtuellen Unternehmungen. *Dort werden zur Abgrenzung einer Unternehmung weniger Eigentums- und Verfügungsrechte oder die einheitliche Führung herangezogen. Die Definition erfolgt vielmehr über Produkte, Dienstleistungen und Projekte. Insofern kann alles, was dem Ziel der Leistungserstellung dient, Teil einer solchen Unternehmung sein. Damit übernehmen Produkte, Dienstleistungen oder Projekte eine identitätsstiftende Funktion.*

So festgelegte Grenzen virtueller Organisationen *sind für Außenstehende nicht sofort erkennbar. Sie stehen nicht einfach fest, sondern sind im Gegenteil immer wieder Veränderungen unterworfen bzw. verschwinden mit der virtuellen Unternehmung, wenn sich die zugrunde liegende Geschäftschance verflüchtigt. (Vgl. Wüthrich et al.*1997, *S. 95 f.; Anand und Daft* 2007, *S. 338 ff.; Vahs* 2019, *S. 544 ff.)*

5.1.2 Unternehmungsexterne Einflussfaktoren (Umsystem)

5.1.2.1 Strukturierung der unternehmungsexternen Einflussfaktoren

Das Hauptproblem besteht im Einzelfall darin, dass die Unternehmungsumwelt grundsätzlich aus unendlich vielen Elementen besteht. Sie kann nicht in ihrer Ganzheit erfasst werden.

Die komplexe Unternehmungsumwelt

Längst nicht alle externen Elemente haben für die Aktionen konkreter Unternehmungen dieselbe Bedeutung. Zur Auswahl der relevanten Elemente ist daher eine gedankliche Strukturierung der Unternehmungsumwelt vorzunehmen. Dadurch gelingt es, das relevante Umsystem zu präzisieren und konkrete Hinweise zur Grenzziehung und Modulierung zu gewinnen.

Zur Strukturierung bietet sich die Unterscheidung einer *globalen Umwelt* (macro environment) und einer *Aufgabenumwelt* (task environment) an:

Globale Umwelt als vorgegebene Größe

- Die *globale Umwelt* umfasst all jene generellen Bedingungsgrößen, die in einem bestimmten geografischen Raum für eine größere Anzahl unterschiedlicher Unternehmungen bzw. Institutionen wichtig sind. Sie haben keinen direkten Bezug zum Sachziel oder der Aufgabe der einzelnen Unternehmungen. Sie sind, wenn überhaupt, höchstens indirekt, marginal und auf lange Frist hinaus beeinflussbar. Deshalb stellen sie für eine Unternehmung/Institution *eine vorgegebene Größe* dar.

Wettbewerbsumwelt ist beeinflussbar

- Demgegenüber beinhaltet die *Aufgabenumwelt (task environment)* die externen Einflusskräfte, mit denen eine Unternehmung zur Erreichung ihrer Sachziele interagiert, interagieren kann oder aufgrund von Vorschriften muss. Dieses Umweltsegment wird manchmal auch *Wettbewerbsumwelt* genannt. Für Unternehmungen existieren diverse Möglichkeiten, auf dieses Segment ihrer Umwelt unmittelbar einzuwirken. Eine weitere Abgrenzung zur globalen Umwelt ergibt sich daraus, dass es sich bei den Einflusskräften der Aufgabenumwelt um direkte und konkrete Interaktionspartner handelt.

Somit orientiert sich die Abgrenzung zwischen den beiden Umwelten an den Kriterien *Unmittelbarkeit* und *Beeinflussbarkeit* der Umwelteinflüsse.

5.1.2.2 Globale Umwelt

Um für die organisatorische Gestaltung verwendbar zu werden, unterteilen wir die *globale Umwelt* in weitere Kategorien (vgl. hierzu Kubicek und Thom 1976, Sp. 3988 ff.), die in Abb. 5.1 dargestellt sind.

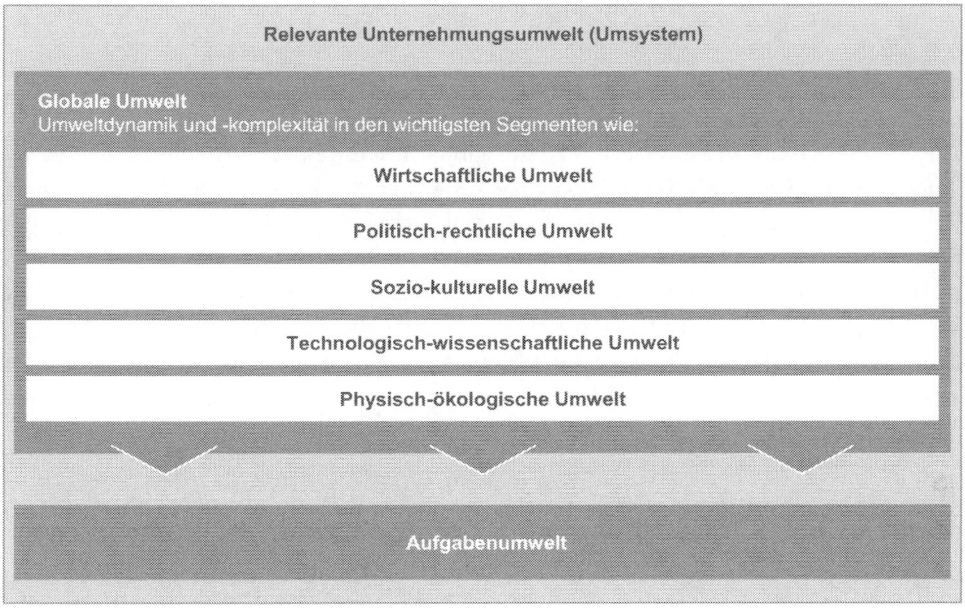

Abb. 5.1 Systematisierung der globalen Umwelt

Segmente der globalen Umwelt

Wir verstehen unter den einzelnen Segmenten Folgendes:

- *Wirtschaftliche Umwelt*: Aktueller Zustand und mögliche Entwicklung eines Wirtschaftsraumes (z. B. Strukturierung der Wirtschaft, Wechselkurse oder Indikatoren der Konjunkturlage wie die Inflations-, Wachstums- oder Arbeitslosenrate etc.).
- *Politisch-rechtliche Umwelt*: Menge aller bestehenden rechtlichen Regelungen sowie deren Anwendung und Veränderung durch Exekutive, Legislative und Judikative (z. B. Wirtschafts-, Wettbewerbs- und Sozialordnung/-politik, Außenhandelspolitik, Rechtssystem etc.).
- *Sozio-kulturelle Umwelt*: Art, Ausprägung und möglicher Wandel der Gesellschaftsstruktur eines Raumes (z. B. demografische Merkmale, Wertsystem, Bildungssystem und Berufsstruktur, Religion etc.).
- *Technologisch-wissenschaftliche Umwelt*: Gesamtheit der technologischen Entwicklungen, die Chancen und Bedrohungen für den zukünftigen Erfolg der Unternehmung darstellen (z. B. generell verfügbare Produkt- und Verfahrensinnovationen, Technologien, Lebenszyklen etc.).
- *Physisch-ökologische Umwelt*: Gesamtheit und Veränderung aller existierenden natürlichen und/oder gestalteten Bedingungen eines Raumes sowie den für die Wirtschaft relevanten Ressourcenkreisläufen (z. B. Ressourcenausstattung, Infrastruktur, Grad der Umweltverschmutzung etc.).

Im Rahmen der globalen Umwelt wird damit untersucht, *wie die genannten Bedingungen auf die organisatorische Gestaltung wirken.*

5.1.2.3 Aufgabenumwelt (Wettbewerbsumwelt)

Die *Aufgabenumwelt* ist im Gegensatz zur globalen Umwelt *in ausgesprochenem Maße unternehmungsspezifisch*. Sie ist lokaler und direkt mit dem konkreten Sachziel verknüpft. Abb. 5.2 zeigt Beispiele für Elemente der Aufgabenumwelt (vgl. Kubicek und Thom 1976, Sp. 3992 f.).

Eine Unternehmung muss nicht mit allen Elementen interagieren. Die Interaktion hat auch nicht zwingend gleichzeitig zu erfolgen. Durch ihre unmittelbare Verknüpfung mit dem Sachziel verbinden die genannten Elemente der Aufgabenumwelt aber spezifische Ansprüche mit der Unternehmung.

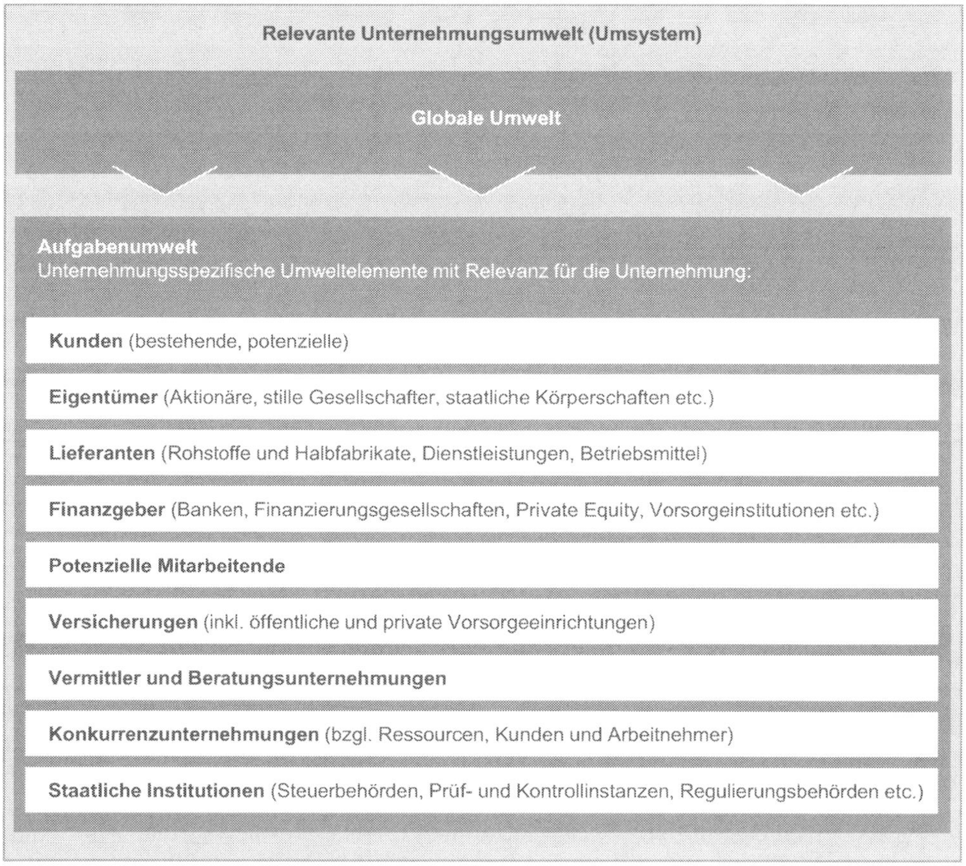

Abb. 5.2 Systematisierung der Aufgabenumwelt

Stakeholder der Unternehmung

Insofern sind sie für die Unternehmung *Anspruchsgruppen* bzw. *Stakeholder*, deren Interessen heute und in Zukunft in angemessener Weise zu berücksichtigen sind.Aus einer übergeordneten Betrachtungsweise gesehen, manifestieren sich im Verhalten und im Zusammenspiel einiger Elemente der Aufgabenumwelt, unter anderem die heutigen und zukünftigen Anforderungen der Märkte, in denen eine Unternehmung tätig ist.

Mehr noch: Wie in Abschn. 4.2 festgestellt, wird die Realisierung von Mehrwert durch eine Unternehmung zunehmend zu einer Frage der Fähigkeit, die eigenen Grenzen zu überwinden. Zumindest auf der Ebene des Geschäfts ist der relevante Fokus für die Wahl des geeigneten Organisationsmodells das Wertschöpfungssystem bzw. das Wertschöpfungsnetz (vgl. dazu die Überlegungen zur zentralen Bedeutung der Bezugsebene in Abschn. 5.4). In solchen Netzen finden die Wertschöpfung, aber auch Weiterentwicklungen und Innovationen, in einem engen, interdependenten und wechselnden Zusammenspiel der Anspruchsgruppen (Kunden, Unternehmungen, Experten und sogar Konkurrenten) statt (vgl. Wenger und Thom 2018, S. 102 und die entsprechenden Überlegungen in Abschn. 4.2).

Die Elemente, Struktur und Dynamik der Aufgabenumwelt sind damit für die organisatorische Gestaltung besonders wichtig. Für eine möglichst gute organisatorische Lösung muss die Perspektive im Organisationsprozess entsprechend konsequent über die Unternehmungsgrenze hinausgehen (vgl. Picot et al. 2015, S. 28 f.).

5.1.3 Unternehmungsinterne Einflussfaktoren

5.1.3.1 Strukturierung der unternehmungsinternen Einflussfaktoren

Wie bereits in Abschn. 5.1.1 erwähnt, wirken neben den oben illustrierten unternehmungsexternen auch *unternehmungsinterne Einflussfaktoren* auf die organisatorische Gestaltung ein.

Unmittelbar beeinflussbare Einflussfaktoren

Diese stellen Faktoren dar, die sich durch eine Unternehmung weitaus besser beeinflussen lassen als jene, die in der globalen Umwelt bzw. der Aufgabenumwelt erfasst sind (vgl. Kieser und Walgenbach 2010, S. 199). Ihre Veränderung ist jedoch erst mittelfristig als Folge konkreter betrieblicher Maßnahmen realisierbar. Daher werden sie in einem bestimmten Gestaltungsmoment als ein vorgegebener Kontext angesehen.

Betriebliche und personelle Bedingungsgrößen

Zur besseren Systematisierung empfehlen wir die Unterteilung der internen Einflussfaktoren in die Kategorien *betriebliche Bedingungsgrößen* und *personelle Bedingungsgrößen.* Diese zwei Kategorien weisen zwar ausgeprägte Interdependenzen auf, womit sich bei der Abgrenzung ein gewisses Maß an Willkür nicht vermeiden lässt. Die Unterscheidung hilft aber, zu einem späteren Zeitpunkt konkrete Maßnahmen zu definieren.

Das „Relevanzproblem“

Die Anzahl möglicher interner Bedingungsgrößen ist sehr umfangreich. Ähnlich wie bei der Abgrenzung der relevanten Umwelt stellt sich hier ein *Relevanzproblem*: Es gilt festzustellen, welche betrieblichen und personellen Bedingungsgrößen im Zusammenhang mit der Organisation relevant sind.

Die in der Folge aufgeführten internen Einflussfaktoren und ihre Ausprägungen stützen sich nicht auf eine einheitliche Theorie (eine solche existiert nicht), sondern basieren auf Ergebnissen der organisatorischen Einflussgrößenforschung. Es handelt sich dabei um Situationsmerkmale, zu denen die empirische Organisationsforschung bzw. die sachlich-analytische Forschungsrichtung Aussagen über ihre Effizienzrelevanz liefern können (vgl. Grochla und Thom 1980, Sp. 1496; Thom 1988, S. 327) und Plausibilitätsüberlegungen (vgl. Kieser 2019, S. 175 f.). Es ist Aufgabe der Organisierenden, im Einzelfall die wesentlichen (allenfalls auch die zusätzlichen) betrieblichen und personellen Bedingungsgrößen zu bestimmen und ihre spezifischen Ausprägungen festzustellen.

5.1.3.2 Betriebliche Bedingungsgrößen

Wichtige in der Literatur im Zusammenhang mit der Organisation diskutierte *betriebliche Bedingungsgrößen* sind in Abb. 5.3 aufgeführt (vgl. Kieser und Walgenbach 2010, S. 201; Habegger 2017, S. 116).

Die aufgeführten betrieblichen Bedingungsgrößen sollen hier nicht weiter diskutiert werden. Wir beschränken uns exemplarisch darauf, anhand der *Unternehmungsgröße* aufzuzeigen, wie die Wirkungszusammenhänge zwischen betrieblichen Bedingungsgrößen und der Organisation aussehen können.

▶ **Begriff - Unternehmungsgröße und Organisation:** *Die Wirkung der Unternehmungsgröße auf die Organisationsform basiert auf dem Zusammenhang, dass steigende Größe mit zunehmender* Spezialisierung *einhergeht (wenn auch in Form einer degressiven Zunahme). Dies führt zu einem erhöhten* Koordinationsbedarf *und insgesamt zu einem zunehmenden Ausmaß an struktureller Komplexität.*

Die Unternehmungsgröße ist damit besonders als Referenzgröße bei organisatorischen Gestaltungsentscheiden wesentlich. So ist es bei der Diskussion eines Wechsels von einer funktionalen zu einer divisionalen Organisationsform hilfreich zu wissen, ob die dadurch entstehenden Mehrfachausstattungen der Divisionen mit Unterstützungsfunktionen (z. B. Personal- und Finanzfunktionen) auslastbar sind oder nicht.

Ähnliche Überlegungen sind vor der Etablierung einer länderorientierten Organisationsform anzustellen: Entstehen durch die funktionalen und produktorientierten Mehrfachausstattungen, die sich bei der Herstellung des Leistungsprogramms ergeben, Leerkapazitäten bei der Ressourcenauslastung? (Vgl. Kieser und Walgenbach 2010, *S. 291 ff.; Kieser* 2019, *S. 176 ff.)*

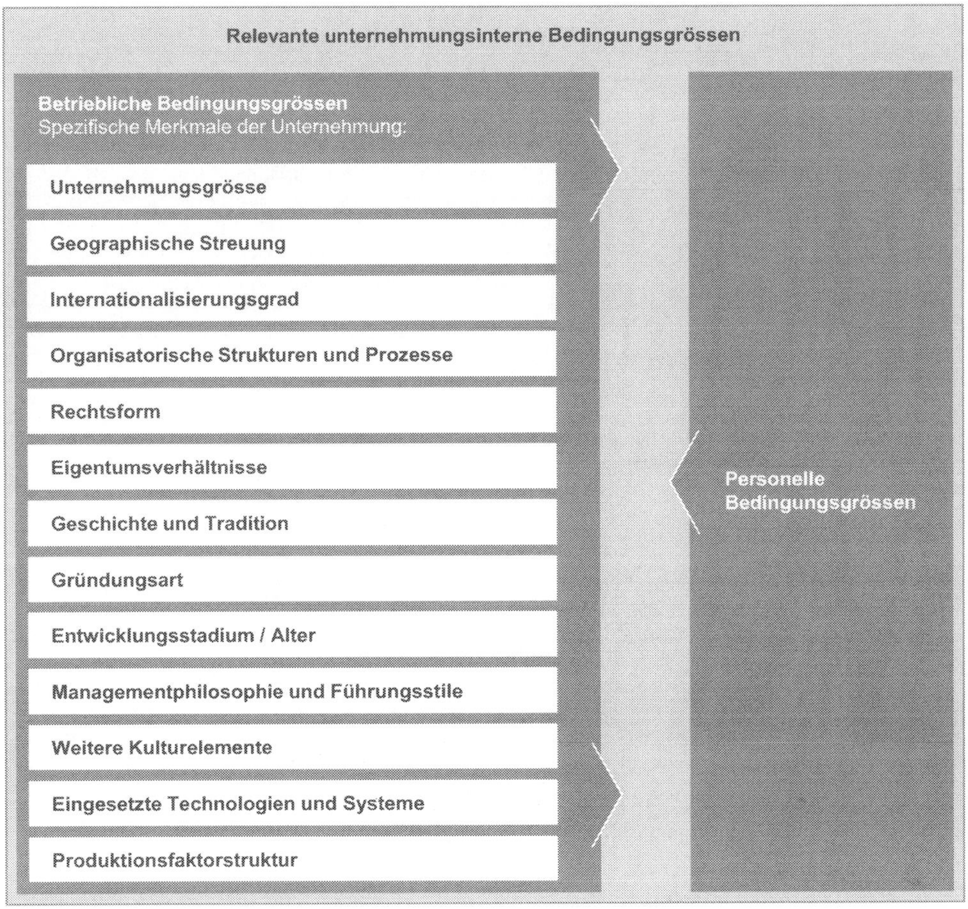

Abb. 5.3 Betriebliche Bedingungsgrößen

5.1.3.3 Personelle Bedingungsgrößen

Zu den *personellen Bedingungsgrößen*: Im Zusammenhang mit der Organisation finden sich in der Literatur vor allem die in Abb. 5.4 genannten wesentlichen Größen (vgl. Habegger 2017, S. 118 f.).

Die Verbindung dieser Größen mit der Organisationsform und die Beurteilung dieser Verbindung sind in ihrer Messbarkeit problematisch: Die Voraussetzungen einer objektiven, von den Wahrnehmungen einzelner Beobachter relativ unabhängigen Messbarkeit und einer einigermaßen stabilen Ausprägung beobachteter Eigenschaften lässt sich für die personellen Bedingungsgrößen nur schwer gewährleisten (vgl. Kieser und Walgenbach 2010, S. 164 ff.).

Verbindung der personellen Bedingungsgrößen mit der Organisation

Auch die genannten personellen Bedingungsgrößen werden in der Folge nicht weiter erläutert. Wir weisen aber darauf hin, dass sie nicht nur für die Wahl einer Organisationsform,

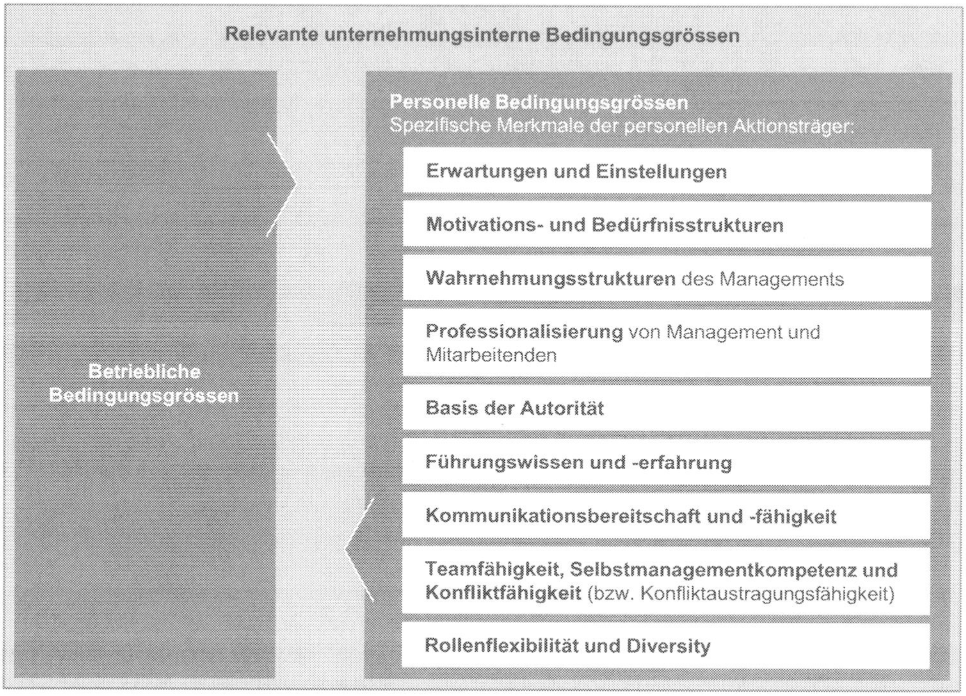

Abb. 5.4 Personelle Bedingungsgrößen

sondern auch für den Organisationsprozess sehr wichtig sind: Durch Einflüsse aus Interaktionen (z. B. Kommunikationswille, Kommunikationsbereitschaft und Kommunikationsfähigkeit in internen politischen Prozessen) und individuellen Perspektiven (z. B. Führungswissen und -erfahrung, Erwartungen und Einstellungen, Motivations- und Bedürfnisstrukturen) der Organisierenden (damit sind hier die Entscheidungsträger und Entscheidungsträgerinnen in der Unternehmungsleitung gemeint) wirken sie direkt auf den Prozess der Auswahl und Ausgestaltung der Organisationsform (vgl. hierzu Wollnik 1980, Sp. 612; Welge 1993, Sp. 3024). Es kann in diesem Zusammenhang von einem Gestaltungsraum mit einer wesentlichen politischen Dimension gesprochen werden (vgl. Müller-Stewens und Lechner 2016, S. 547 f. Sehr pointiert zur machtpolitischen Dimension Buchanan und Badham 2008).

5.1.4 Vorgaben aus Vision, Zielen, Strategien, Geschäftsmodell, Leistungsprozess und Leistungsprogramm

5.1.4.1 Vision, Ziele, Strategien und Geschäftsmodell als strategisches Führungsinstrumentarium

Unter einem statischen Gesichtspunkt könnten die *Vision, Ziele, Strategien und Geschäftsmodelle* einer Unternehmung prinzipiell den betrieblichen Bedingungsgrößen zugerechnet werden.

Vision, Ziele, Strategien und Geschäftsmodell als beeinflussende Leitelemente
Sie werden bei organisatorischen Handlungen nicht direkt als Aktionsparameter eingesetzt, sondern wirken als beeinflussende Leitelemente auf die organisatorische Gestaltung ein: Sie geben vor, welche effektive und effiziente Zweck- und Zielerreichung die Organisation zu ermöglichen hat bzw. welche Aufgaben für die beabsichtigte Wertschöpfung für die Zielkunden wie zu erfüllen sind (vgl. hierzu die Ausführungen zum instrumentalen Organisationsbegriff in Abschn. 3.1.1).

▶ **Begriff - Vision und Strategie:** *In der Vision wird das sinnstiftende, handlungsleitende Bild entworfen und beschrieben, das sich die Führung von der zukünftigen Entwicklung einer Unternehmung macht. Die Strategie präzisiert dieses Bild mindestens in vier Punkten: Die zu erreichenden Gesamtziele, die dazu einzuschlagende Marschrichtung, die dafür nötigen Mittel und Ressourcen sowie die wichtigsten Realisierungsschritte. Die Strategie umreißt damit die grundsätzlichen, längerfristigen Verhaltensweisen der Unternehmung gegenüber ihrem Umsystem zur Verwirklichung der auf einen längeren Zeithorizont hin definierten Ziele. (Vgl. Wenger* 1999, *S. 183 ff.; Hungenberg und Wulf* 2015, *S. 95 f.)*

Erwähnenswert hierzu ist die treffende Bemerkung von Macharzina und Wolf, der Strategiebegriff werde auch nach einer über 50jährigen Geschichte der Beschäftigung von Wissenschaft und Praxis mit Fragen des strategischen Managements sehr unterschiedlich verwendet. (Vgl. Macharzina und Wolf 2018, *S. 255).*

Wir behandeln Vision, Ziele, Strategien und Geschäftsmodelle aus zwei Gründen als eine eigene Kategorie von Einflussfaktoren auf die Organisation:

Organisation ist eng gekoppelt mit Vision, Zielen, Strategie und Geschäftsmodell

1. Wie in Abschn. 4.1 ausgeführt, gehen wir von dem Verständnis aus, dass in der Realität eine wechselseitige Beeinflussung zwischen den beiden Führungsinstrumenten Strategie und Struktur stattfindet. Wird die Notwendigkeit eines strategiebewussten Organisationsmanagements akzeptiert, so bedeutet dies nicht nur eine Berücksichtigung der Kernkompetenz Organisation durch die Unternehmungsführung. Es bedingt auch eine *enge Verzahnung zwischen Vision, Zielen, Strategien und Geschäftsmodellen einerseits und der Organisation* andererseits (vgl. Abschn. 4.5). Wie bereits erwähnt, sind organisatorische Kernelemente und Themenstellungen damit zwingend Teil der praktischen Strategieentwicklung. Sie sind konzeptionell konsequent in die Geschäftsmodellierung einzubeziehen, um ihr strategisches Potenzial zu nutzen, und elementarer Teil der Strategieimplementierung. Organisation ist somit sehr eng an Vision, Ziele, Strategien und Geschäftsmodell als zentrale Instrumentalgrößen der Unternehmungsführung gekoppelt. Insbesondere die Strategie (als Positionierung) wird unter einer zeitlichen Perspektive in Veränderungsprozessen damit oft auch relativ kurzfristig und simultan beeinflussbar. De facto wird sie als *Aktionsfeld* in der Geschäftsmodellierung auch beeinflusst (zu Aktionsfeldern und Aktionsparametern der Unternehmungsführung vgl. vertiefend Wenger 1999, S. 165 ff. Dort wird nebst der Strategie und der Struktur auch

die Unternehmungskultur als gestaltbares Aktionsfeld mit einsetzbaren Aktionsparametern diskutiert. Der im hier betrachteten Zusammenhang der Auswahl und Bewertung von Organisationsformen eher kurze Zeithorizont lässt die Unternehmungskultur eindeutig als betriebliche Bedingungsgröße wirken).

Vision, Ziele, Strategie, Geschäftsmodell: Ausdruck des Management-Willens

2. Vision, Ziele, Strategie und Geschäftsmodell befassen sich originär mit der Frage, wie die Unternehmung im gegebenen oder gewählten Umfeld agieren soll. In *ihnen kristallisiert sich der Wille des Managements*, wohin die Reise in der Konstellation vorhandener externer und interner Einflussfaktoren gehen soll und welchen Verlauf sie zu nehmen hat. Mit ihrem Charakter als strategische Führungsinstrumente sind sie deutlich von den anderen Einflussfaktoren abgrenzbar und wirken unmittelbar als bewusst geschaffene Leitlinien auf die organisatorische Gestaltung ein.

Wir weisen daher Vision, Ziele, Strategie und Geschäftsmodell unter dem Begriff *strategisches Führungsinstrumentarium* als eine gesonderte Kategorie aus.

5.1.4.2 Strategisches Führungsinstrumentarium und Einflussfaktoren als Tandem

Weiter oben haben wir im Zusammenhang mit der Abgrenzung der Unternehmung von ihrer Umwelt auf das Grenzproblem (vgl. Abschn. 5.1.1), bei der Zusammensetzung der Aufgabenumwelt auf die Unternehmungsspezifität (vgl. Abschn. 5.1.2) und bei der Bestimmung der wesentlichen internen Einflussfaktoren auf das Relevanzproblem (vgl. Abschn. 5.1.3) hingewiesen. Im Hinblick auf diese Problemstellungen hat das strategische Führungsinstrumentarium eine weitergehende Bedeutung: *Bei der Strukturierung der relevanten Situation in einem Bezugsrahmen als Ausgangspunkt für die organisatorische Gestaltung ist es im Tandem mit den Einflussfaktoren.*

Tandem insofern, als dass für die Festlegung des strategischen Führungsinstrumentariums die externen und internen Einflussfaktoren von großer Bedeutung sind. Gleichzeitig gibt das definierte strategische Führungsinstrumentarium aber auch den Fokus vor, was im Hinblick auf die Einflussfaktoren wichtig ist: Mit seinen Aussagen grenzt es die Unternehmung von ihrer Umwelt ab, präzisiert das relevante Bild der Aufgabenumwelt und legt die wesentlichen externen und internen Einflussfaktoren fest (im skizzierten Zusammenhang verweisen wir nochmals auf die Relevanz der „Fit"-Überlegungen in der organisatorischen Gestaltung wie in Abschn. 3.3 dargelegt).

Burton et al. beschreiben diesen Zusammenhang für die externen Einflussfaktoren exemplarisch wie folgt (vgl. Burton et al. 2015, S. 47): Das Wetter in Australien ist Teil der Umwelt, aber irrelevant, wenn in Chicago Hamburger verkauft werden (diesbezüglich setzt das strategische Führungsinstrumentarium den Fokus bzgl. Einflussfaktoren). Verkauft die Unternehmung in Chicago Hamburger, sind Gesundheitstrends in der Ernährung ein wesentlicher externer Einflussfaktor, auch wenn die Strategie sie nicht berücksichtigt hat (diesbezüglich setzen die Einflussfaktoren den relevanten Kontext).

5.1.4.3 Relevanz von Leistungsprozess und Leistungsprogramm

Etwas anders sind der Leistungsprozess für den Kunden (Wertschöpfungskette der Unternehmung) und das Leistungsprogramm (Aufgaben und Aufgabenmerkmale) zu beurteilen. Sie sind keine Führungsinstrumente. Als operationalisierter Ausfluss des Geschäftsmodells, in dem die durchzuführenden Tätigkeiten präzisiert („Was macht die Unternehmung konkret für ihre Kunden?") und qualifiziert („Welche Eigenschaften haben die durchzuführenden Tätigkeiten?") werden, haben Leistungsprozess und Leistungsprogramm aber ganz spezifische Einflüsse auf die Ausgestaltung der Organisation: Mit einer möglichst optimalen Organisationsform soll im Endeffekt nichts anderes als eine zielgerichtete, effektive und effiziente Wertschöpfung für die Kunden ermöglicht werden. Dies gilt besonders auf Stufe der Detailorganisation.

Es ist daher zweckmäßig, Leistungsprozesse und Leistungsprogramm in Analogie zum vorher diskutierten strategischen Führungsinstrumentarium im Bezugsrahmen als eine weitere, gesonderte Kategorie auszuweisen.

5.2 Bezugsrahmen für die organisatorische Gestaltung

Die oben vorgenommene Systematisierung möglicher Einflussfaktoren kann jetzt in einen Bezugsrahmen zusammengeführt werden (vgl. Abb. 5.5).

Zusammenführung der Einflussfaktoren

Grundsätzlich wird damit einerseits das Spannungsfeld dargestellt, in welchem organisatorische Gestaltung stattfindet. Andererseits werden die konkreten Einwirkungen auf die Organisation besser fassbar und nachvollziehbar. Dadurch wird die für die organisatorische Gestaltung nötige *Transparenz* gewährleistet.

Eine vorrangige Aufgabe für die Personen, welche mit der Auswahl einer neuen Organisationsform betraut sind (Führungskräfte und Organisationsspezialisten), liegt darin, die jeweiligen Merkmale der Beurteilungssituation zu identifizieren und nach Relevanz einzustufen. Die Elemente des Bezugsrahmens geben hierzu wichtige Anhaltspunkte.

Im praktischen Fall sind nie alle Merkmale von (gleicher) Bedeutung. Die Organisierenden haben daher nicht nur die Aufgabe, die konkreten Ausprägungen von vorgegebenen Situationsmerkmalen festzustellen, die von den meisten Experten als erfolgswirksam eingeschätzt werden. Sie benötigen auch die Fähigkeit, zusätzliche Einflussgrößen aufzuspüren und die relevante Gestaltungssituation transparent abzubilden. Hierzu bietet das strategische Führungsinstrumentarium eine wesentliche Basis (vgl. die Ausführungen zur Tandemsfunktion in Abschn. 5.1.4).

Reduktion auf das Wesentliche

Was wir in Abschn. 1.1 im Zusammenhang mit der Auswahl organisatorischer Gestaltungsalternativen erwähnt hatten, gilt auch im Hinblick auf die relevanten Situationsmerkmale: Im praktischen Organisationsfall (Neuorganisation, Reorganisation) erfolgt meist eine Reduktion der Komplexität der Gesamtsituation auf wenige, als besonders wichtig

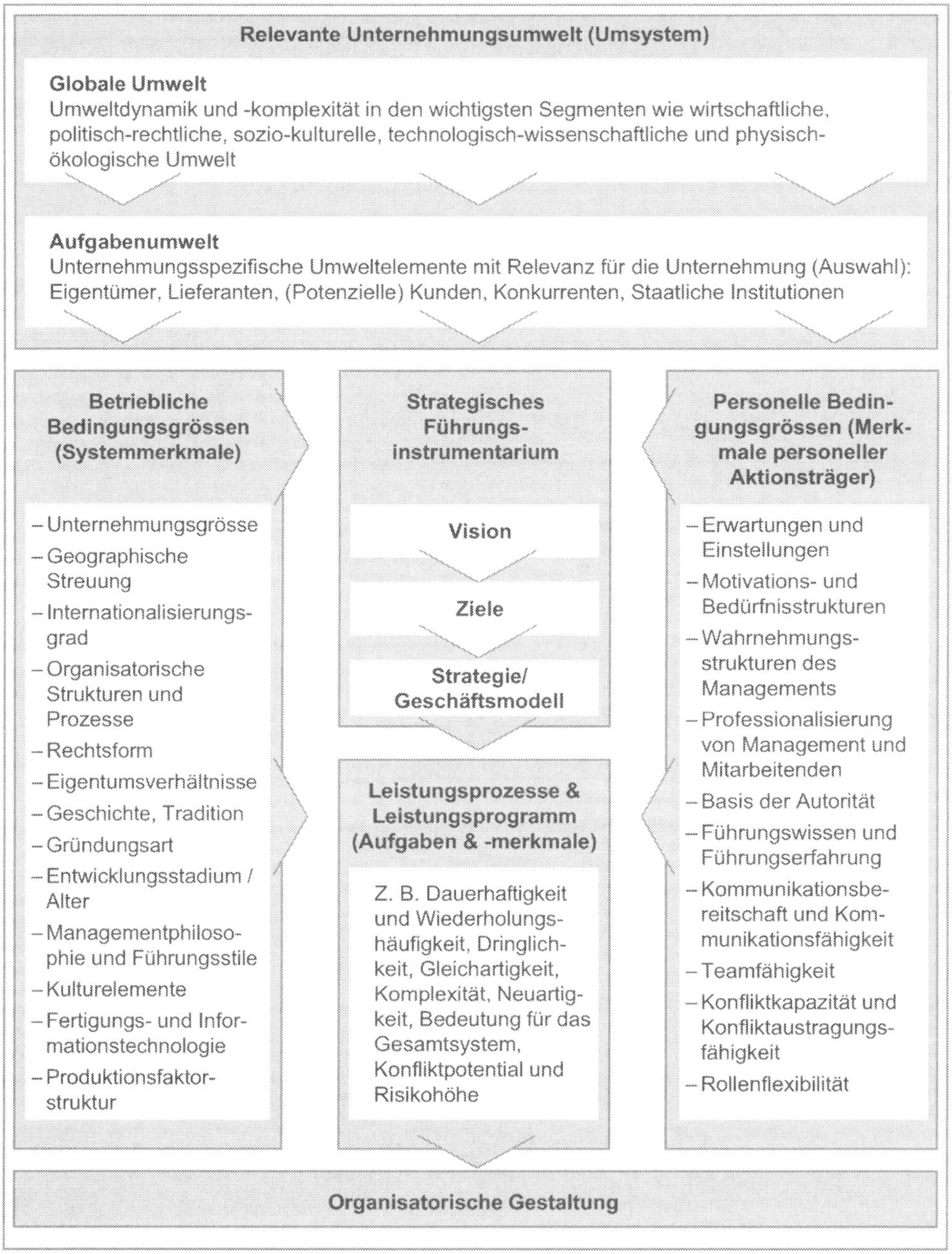

Abb. 5.5 Bezugsrahmen für die organisatorische Gestaltung

erachtete Einflussgrößen. Das Wahrnehmungsvermögen, das Wissen, das Wertesystem und die Machtbasis der Organisationsgestaltenden übernimmt auch hier eine quasi „vermittelnde", selektierende und interpretierende Funktion zwischen den objektiv vorhandenen Situationsmerkmalen und den tatsächlich im Analyse- und Entscheidungsprozess berücksichtigten Einflussgrößen (vgl. dazu auch das in Abschn. 5.1.4.2 beschriebene Tandem von strategischem Führungsinstrumentarium und Einflussfaktoren).

Diese Vereinfachungen resultieren wiederum aus der beschränkten Informationsverarbeitungskapazität der Gestaltungsträger (vgl. hierzu Grochla 1982/1995, S. 35. Diese Reduktion der Komplexität setzt sich fort bei der Ableitung und Präzisierung von Effizienzkriterien und bei der Bestimmung der Effizienzgrade). Erschwerend kommt hinzu, dass Intuition, Interesse sowie formale und informale Macht der Prozessbeteiligten die Darstellung der Situation maßgeblich beeinflussen können.

Empfehlungen

- Aufgrund der dargelegten Wirkungszusammenhänge und Phänomene ist es äußerst wichtig, für die strukturierte Darstellung der relevanten Situation in einem Bezugsrahmen ein transparentes Vorgehen zu wählen.
- Dafür ist genügend Zeit einzuplanen. Dies gilt auch und ganz besonders im Kontext einer „VUCA-Welt" (vgl. Abschn. 4.2), die sich durch eine hohe Volatilität, große Unsicherheit und Komplexität sowie Ambiguität auszeichnet. Der manchmal suggerierte Zwang, schnell handeln zu müssen, basiert in der Regel auf anderen Beweggründen als auf faktischer Notwendigkeit (Interessensdurchsetzung von Einzelpersonen oder Gruppen in der Unternehmung/Institution).
- Wesentlich ist zudem, die Entscheidungspersonen zumindest mit den Überlegungen und Schlussfolgerungen vertraut zu machen. Noch besser wäre es, sie direkt in die Erarbeitung von Kernaspekten der Situationsdarstellung zu integrieren. Diese Maßnahme fördert das Verständnis für die Komplexität des anstehenden Entscheides und ermöglicht es, überhastete Entschlüsse zu vermeiden.

Die relevante Situation sorgsam aufbereiten

Obwohl der unmittelbare Zusammenhang der Situationsbeschreibung mit der Zielorganisation nicht direkt ersichtlich ist, ist es nach unserer Erfahrung äußerst erfolgskritisch, für die Aufarbeitung der relevanten Situation mit einer soliden Diagnose ausreichend Zeit und Ressourcen zu investieren. Sonst drohen entscheidende Faktoren und Einflüsse unterdrückt oder vergessen zu werden, was bei der anschließenden organisatorischen Gestaltung zu weitreichenden negativen Auswirkungen führen kann.

Nützlichkeit des Bezugsrahmens

Die im Bezugsrahmen visualisierten Elemente und Zusammenhänge dienen im Rahmen einer *Organisationsanalyse* dazu, *die konkrete organisatorische Gestaltungssituation zu erfassen.*

▶ **Begriff - Organisationsanalyse:** *Eine Organisationsanalyse ist ein umfassender, systematischer Prozess, der jene Organisationsmerkmale erfasst, beschreibt und bewertet, die für das Funktionieren einer Organisation und ihre Effektivität wichtig sind. Es stehen immer organisierte Bedingungen und die daraus resultierenden Konsequenzen im Zentrum der Analyse. (Vgl. Wenger und Ritz* 2016, *S. 735).*

Der Bezugsrahmen hilft, das Problemfeld einzugrenzen und zu analysieren sowie eine sachgerechte Diagnose zu erstellen (Phase 1 im organisatorischen Gestaltungsprozess, vgl. Abschn. 3.4).

Aufgrund der verfolgten Argumentationslinie ist klar, dass auch die *Organisation als strategisches Führungsinstrument* anzusehen ist (vgl. insbesondere Abschn. 4.5 und 4.6). Sie wird hier aber primär als Objekt der Analyse und Veränderung behandelt, daher getrennt und mit Fokus auf die organisatorische Gestaltung betrachtet. Dies wäre z. B. bei einem Fokus auf die Geschäftsmodellierung anders.

Die Interpretation eines deterministischen Zusammenhangs zwischen den Situationsmerkmalen, den Ausprägungen von Organisationsdimensionen und dem Erfolgsniveau lässt sich aber nicht ableiten (vgl. Grundei 2012, S. 7). Eindeutige Kausalbeziehungen sind in Feldstudien mit der üblicherweise angewandten Forschungsmethodik nicht nachweisbar.

5.3 Praktische Umsetzung in einer Organisationsanalyse

In einer Organisationsanalyse (Phase 1 im organisatorischen Gestaltungsprozess, vgl. Abschn. 3.4) wird der oben in Abb. 5.5 dargestellte Bezugsrahmen für die organisatorische Gestaltung kaum in seiner Reinform eingesetzt.

Anpassung des Bezugsrahmens an die praktischen Gegebenheiten

Vielmehr werden aufgrund von konkreter Ausgangslage, Problemstellung, Themenfeldern der Überprüfung und Zielsetzungen Anpassungen erfolgen, um die als relevant erkannten Elemente in den Fokus der Organisationsanalyse zu stellen.

Alle praktisch geeigneten Analysemodelle strukturieren die betriebliche bzw. institutionelle Realität in unterschiedliche Perspektiven (auch Themenfelder, Faktoren, Dimensionen, Kategorien genannt), die für die Gestaltung und den Erfolg der Unternehmung wesentlich sind (vgl. Wenger und Ritz 2016, S. 743). Solche Themenfelder erleichtern die sinnvolle Strukturierung der Analyse und bieten gleichzeitig *geeignete Ansatzpunkte für spätere Interventionen* in die untersuchte Unternehmung.

Die Praxis hat in den letzten Dekaden einige Analysemodelle hervorgebracht, die je nach Situation für eine Organisationsanalyse taugen und hinsichtlich Perspektiven und Analyseelementen unterschiedlich ausgestaltet sind (vgl. Wenger und Ritz 2016, S. 736). Bekannte Modelle sind beispielsweise das 7-S-Modell von McKinsey, das Star-Modell von Galbraith und das Modell der European Foundation for Quality Management (EFQM). Das *7-S-Modell* unterscheidet die sieben Perspektiven Strategie, Struktur, Systeme, Stil,

Personal, Fähigkeiten sowie geteilte Werte (vgl. Scheuss 2016, S. 134 ff.). Das *Star-Modell* wiederum ist in die fünf Perspektiven Strategie, Struktur, Prozesse, Anreizmechanismen und Menschen gegliedert (vgl. Galbraith 2014, S. 17). Das *EFQM-Modell* schließlich kennt die neun Perspektiven Führung, Mitarbeiterinnen & Mitarbeiter, Strategie, Partnerschaften & Ressourcen, Prozesse, Produkte & Dienstleistungen, mitarbeiterbezogene Ergebnisse, kundenbezogene Ergebnisse, gesellschaftsbezogene Ergebnisse sowie Schlüsselergebnisse (vgl. EFQM 2018).

Wertschöpfungsorientiertes Modell der Organisationsanalyse
Weil die betriebliche Wertschöpfung für die Strukturgestaltung zentral ist, arbeiten die Autoren vielfach mit einem Analysemodell als Bezugsrahmen, das den Leistungsprozess ins Zentrum rückt (vgl. Wenger 2014; Wenger und Ritz 2016, S. 744). Dieses Modell ist aus Erfahrungen mit vielen Organisationsanalysen in sehr unterschiedlichem Kontext entstanden. Es eignet sich ganz besonders für Überprüfungen, die auf die Leistungserstellung fokussieren, weil es *den Leistungsfluss im Sinne einer Input-Output-Relation (vom Kundenwunsch/-bedürfnis zu dessen Erfüllung) in den Vordergrund stellt* und im Modell einprägsam abbildet.

Es stellt eine Institution/Unternehmung/betriebliche Einheit in acht Perspektiven dar, die gleichzeitig als Analysefelder und später als Handlungsfelder für Lösungen und Maßnahmen dienen (vgl. Abb. 5.6).

Zur Beurteilung des Zustandes der analysierten Unternehmung bzw. Institution bezüglich der einzelnen Perspektiven wird in der Organisationsanalyse *mit thematisch passenden betriebswirtschaftlichen Instrumenten und Methoden vorgegangen.* Diese ermöglichen eine Operationalisierung der relevanten Inhalte. Sie werden spezifisch für die Situation ausgewählt bzw. erstellt und anschließend eingesetzt (für eine beispielhafte Darstellung dieser Instrumente und Methoden im Rahmen eines konkreten Beispiels vgl. Wenger und Ritz 2016, S. 744 ff.).

Empfehlungen
- Weil mit der Wahl des konkreten Modells in einem Analyse- und Reorganisationsprojekt der Orientierungsrahmen und wesentliche Elemente des Vorgehens bestimmt werden, ist seine möglichst rasche Bestimmung empfehlenswert. Entsprechend lohnt es sich, in die dazu nötige Informationsgewinnung Energie zu investieren.
- Aufgrund der großen Bedeutung für das weitere Vorgehen ist es wichtig, dass die Entscheidungspersonen die getroffene Wahl verstehen und mittragen.

5.4 Zentrale Bedeutung der relevanten Bezugsebene

In Abschn. 5.1.1 haben wir darauf hingewiesen, dass sich die spezifische Situation auch innerhalb der betroffenen Unternehmung/Institution unterscheidet: *Je nachdem auf welcher Bezugsebene das bearbeitete organisatorische Gestaltungsproblem verortet ist, sind*

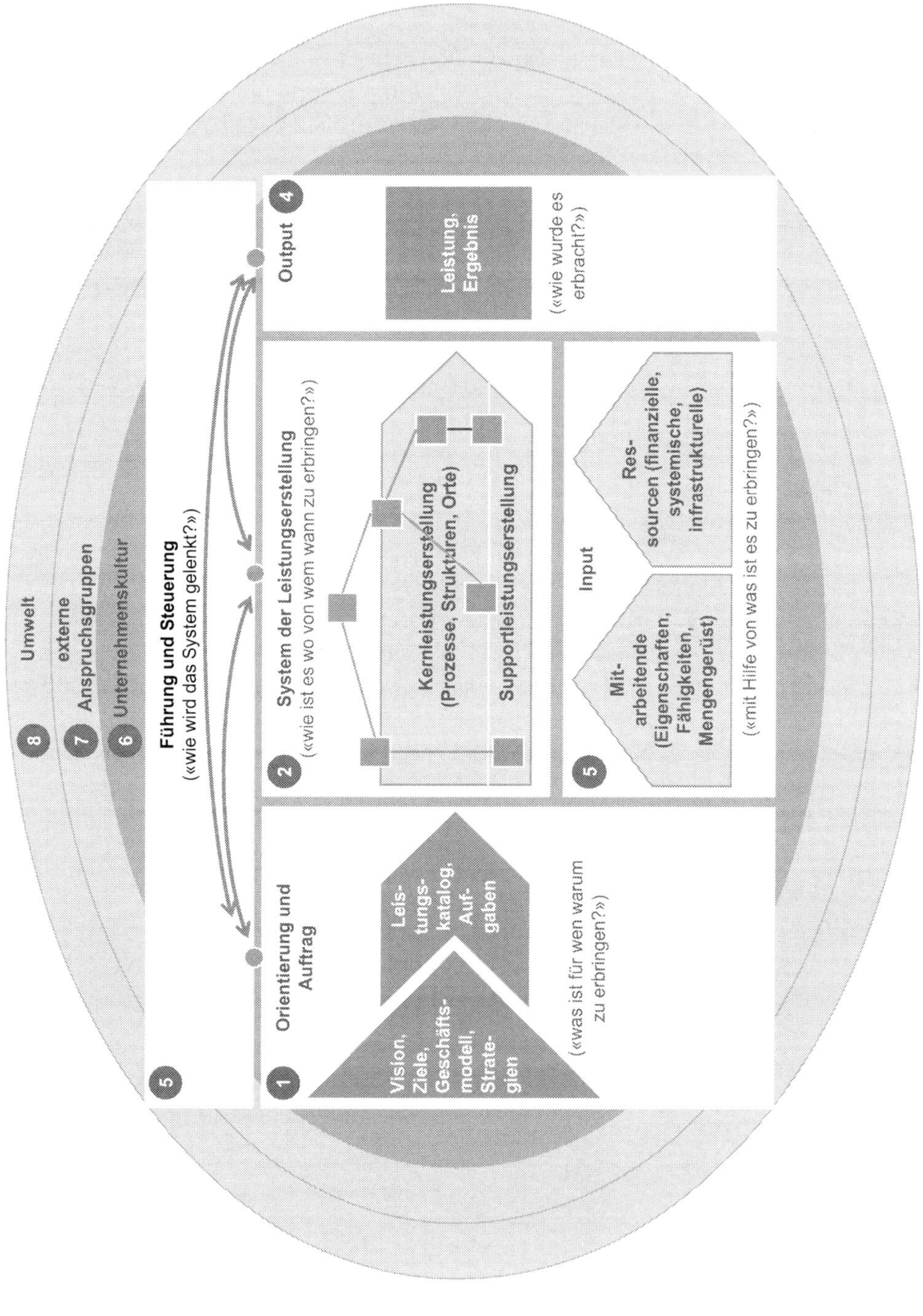

Abb. 5.6 Wertschöpfungsorientiertes Modell der Organisationsanalyse

andere Einflussfaktoren und Zusammenhänge wesentlich. Konkret kann ein Bezugsrahmen für die organisatorische Gestaltung wie in Abschn. 5.2 beschrieben nicht gültig und mit handlungsleitender Wirkung erarbeitet werden, ohne dass klar ist, auf welcher Ebene gearbeitet wird. Ebenso ist es nicht möglich, ein passendes, praktisches Analysemodell wie in Abschn. 5.3 für die Organisationsanalyse ausgeführt zu bestimmen.

Auf welcher Bezugsebene wird organisiert?
Zu Beginn der organisatorischen Gestaltung ist daher immer die relevante Bezugsebene festzulegen. Nachdem wir in dieser Schrift eine möglichst optimale Organisation als eine zentrale Grundlage für eine zielorientierte, effektive und effiziente Leistungserstellung verstehen (vgl. Abschn. 3.8.1), bietet sich zur Systematisierung ein Rückgriff auf den jeweiligen, verfolgten *Fokus und Zielgröße in der Unternehmungsführung* an.

Nach dieser Vorgehensweise unterscheiden wir vier mögliche Bezugsebenen, die eine unterschiedliche „Flughöhe" aufweisen:

1. Ebene von *Wille und Werten der Unternehmung*
2. Ebene des *Portfolios an Geschäften*
3. Ebene der *Geschäfte*
4. Ebene der *Leistungsprozesse*

Je nach Bezugsebene stehen andere Ziele, Grundfragen und Themen der Unternehmungsführung und damit auch *andere zu bewältigende organisatorische Fragen und Problemstellungen im Vordergrund*, wie Tab. 5.1 illustriert.

Zur Illustration: Steht die 3. *Ebene der Geschäfte im Vordergrund*, stehen die Chancen gut, dass das in Abschn. 5.3 vorgestellte wertschöpfungsorientierte Modell der Organisationsanalyse eine sehr wertvolle Grundlage für die Arbeit darstellen wird. Es umfasst die relevanten Themen eines Geschäfts und erlaubt die Erfassung und Beurteilung der wesentlichen Einflussfaktoren mit einem starken Fokus auf die im Geschäftsmodell definierten Wertschöpfung, ohne dass aber die externen Elemente zu stark ausgeblendet werden.

Steht demgegenüber die 1. *Ebene von Wille und Werten der Unternehmung* im Vordergrund, wird dieses Modell kaum zielführend sein. Hier muss ein Bezugsrahmen erstellt werden, der eine stärkere Fokussierung auf die externe Umwelt und insbesondere die Anspruchsgruppen zulässt sowie die Themen der Unternehmungssteuerung (vgl. Abschn. 3.8.1) mehr in den Vordergrund rückt. Ein Ansatzpunkt für einen tauglichen Bezugsrahmen könnte hier beispielsweise das Modell der Integrierten Corporate Governance von Hilb sein (vgl. Hilb 2016, S. 12).

Der Organisationsprozess hängt von der Bezugsebene ab
Die Bezugsebene hat nicht nur einen wesentlichen Einfluss darauf, welches Analysemodell gewählt bzw. wie der relevante Bezugsrahmen der organisatorischen Gestaltung strukturiert und dargestellt wird. Sie hat im konkreten Einzelfall auch eine *eminente Bedeutung für die Ausgestaltung des Organisationsprozesses* (generell zum Prozess der or-

Tab. 5.1 Framework der Bezugsebenen in der organisatorischen Gestaltung

Bezugsebene (Fokus)	Zielgröße	Grundfragen	Themen der Unternehmungsführung	Organisatorische Themen	Unternehmungsteil und Verantwortung
1. Wille und Werte der Unternehmung	Legitimierung: Selbstverständnis („Purpose“) und dauerhafte Sicherung der Existenz	Generelle Unternehmungsziele, – prinzipien, – spielregeln und -prozeduren	Eignerstrategie, Unternehmungsphilosophie/Werte, Vision, Mission, Gesamtziele, Unternehmungsverfassung und Kultur	Governance Design: Organisationsphilosophie, Corporate Governance	Gesamtunternehmung, Aufsichtsgremium
2. Portfolio an Geschäften	Stakeholder Value Creation: Effektivität und Mehrwert für die Anspruchsgruppen	Dimensionierung der Unternehmung: Definition des Angebotsportfolios, Marktwahl, Investitionsfokus, Kooperationsthemen	Corporate Strategy (Produkt-Markt-Strategie): Wachstums- und Schrumpfungsstrategien, Diversifikations- und Kernkompetenzstrategien, Kooperationsstrategien	Corporate Design: Rahmenstruktur/ Konzernorganisation, Portfolio-Logik (Zusammenspiel), Übergreifende Kooperationsmodelle	Gesamtunternehmung, Aufsichtsgremium und Geschäftsleitung
3. Geschäfte	Customer Value Creation: Wertschöpfung für den Kunden	Positionierung und Verhalten in den jeweils relevanten marktlichen und aussermarktlichen Bedingungen	Competitive Strategy and Business Model (Geschäftsstrategie und -modell): Wettbewerbsstrategien, Markteintrittsstrategien, Make-or-buy-Strategien, Geschäftsmodelldimensionen	Business Design: Wertschöpfungskette/ Aktivitäten, Geschäftsprozess, Geschäfts(bereichs) organisation	Teilbereiche, Geschäftsverantwortliche, Geschäftsleitung
4. Leistungsprozesse	Operational Value Creation and Delivery: Operative Exzellenz und Effizienz	Um- und Durchsetzung der Ziele und Strategien im Tagesgeschäft	Abteilungsstrategien, Funktionalstrategien, effiziente Ausschöpfung der bestehenden Erfolgsposition und -potenziale	Operational design: Prozesse, Detailorganisation, Teamorganisation	Operative Zelle, Leistungsprozessverantwortliche

Diese Systematisierung basiert u. a. auf Überlegungen bei Hungenberg 2014, S. 194 ff. und 375 ff.; Dubs 2015; Bach et al. 2017, S. 9 sowie Macharzina und Wolf 2018, S. 265 ff. und 280 ff ganisatorischen Gestaltung vgl. Abschn. 3.4): Aufgrund der unterschiedlichen Fragen und Problemstellungen ergeben sich andere sinnvolle Schwerpunkte und teilweise auch eine andere Abfolge im Vorgehen.

Was für Bezugsrahmen, Analysemodell und Organisationsprozess gilt, gilt zudem auch für die Beurteilung von Organisationsalternativen anhand von Kriterien (vgl. dazu Kap. 8): Je nach Bezugsebene stehen andere Ziele, Grundfragen und Themen der Unternehmungsführung und damit auch andere zu bewältigenden organisatorischen Fragen und Problemstellungen im Vordergrund.

Dies führt dazu, dass *ein bestimmtes Organisationsmodell, beurteilt anhand der gleichen Kriterien, je nach Einsatzebene unterschiedlich geeignet erscheint.* Konkret illustriert: Eine funktionale Organisation mag auf der Ebene des Geschäftsportfolios (Gesamtunternehmungsebene) völlig ungünstig erscheinen, für ein bestimmtes Geschäft dieses Portfolios (Geschäftsebene) aber vorteilhaft sein.

5.5 Berücksichtigung der situationsspezifischen Einflüsse im Organisationsprozess

5.5.1 Vorbemerkungen

Den Organisierenden stellt sich die Frage, wie das im Bezugsrahmen strukturiert dargestellte Geflecht von relevanten Einflussfaktoren in die konkreten organisatorischen Gestaltungshandlungen einzubeziehen ist. Was nützt es zu wissen, welches die wichtigsten externen und internen Einflussfaktoren sind und wie sich ihre Wirkungsrichtungen abschätzen lassen, wenn unklar ist, wie sie in der eigenen Organisation beachtet werden sollen?

Steuerung situativer Einflüsse

Nach unseren Erfahrungen empfiehlt es sich, die situativen Einflüsse im Rahmen des organisatorischen Gestaltungsprozesses (zu den einzelnen Phasen vgl. Abschn. 3.4) an zwei klar definierten und abgrenzbaren Stellen zum Tragen zu bringen:

1. Zuerst in der Phase 2 „Soll-Vorstellungen und Gestaltungsprinzipien" bei der Definition von *Gestaltungsprinzipien (Design-Kriterien).*
2. Anschließend in der Phase 5 „Bewertung und Auswahl (inkl. Prüfen der Realisierbarkeit)" bei der *Gewichtung der eingesetzten Bewertungskriterien.*

In beiden Phasen wird der Einfluss der konkreten Situation mit einer anderen Technik eingebracht. Wichtig ist, dass *der situative Einfluss klar kanalisiert und deutlich gekennzeichnet wird.*

5.5.2 Gestaltungsprinzipien (Design-Kriterien)

Gestaltungsprinzipien bzw. Design-Kriterien bündeln alle Ansprüche an die Organisation in Form weniger (idealerweise zwischen 5 bis 7), klar fassbarer Grundsätze.

Grundsätze entwickeln
Quelle ihrer Entwicklung ist die im Bezugsrahmen beschriebene relevante Situation der Unternehmung. Sie helfen zu erkennen,

- was die neue Organisation können muss,
- welchen Ansprüchen sie gerecht zu werden hat und
- welche Probleme durch sie zu lösen sind.

Gestaltungsprinzipien können unter anderem Aussagen machen:

- zum generellen Fokus der Organisation (Funktionen, Prozesse, Kunden, Produkte etc.);
- zur Autonomie als Gesamteinheit im größeren Kontext;
- zur gültigen Führungsphilosophie und zur Zusammenarbeit im Team;
- zur (gemeinsamen) Ressourcennutzung bzw. zu Synergien;
- zur Spezialisierungs-, Standardisierungs- und Formalisierungsintensität;
- zu Entscheidungs- und Weisungsmechanismen (z. B. Ausmaß der Delegation bzw. zur Zentralisierung);
- zu Koordinationsmechanismen (personell, strukturell, systembezogen);
- zur Leitungsspanne und Organisationstiefe;
- zu Größenverhältnissen der einzelnen Organisationseinheiten.

Mit Gestaltungsprinzipien zu einem groben Anforderungsprofil an die Organisation
Durch die Definition von deutlich unterscheidbaren Gestaltungsprinzipien wird ein *grobes „Anforderungsprofil"* entwickelt, das in Phase 3 des Gestaltungsprozesses die Generierung alternativer Organisationsformen leitet. Die möglichen Kombinationen von Arbeitsteilung, Koordination und Konfiguration werden so frühzeitig situativ beeinflusst und eingegrenzt. Dadurch gelingt es, den anschließenden Bewertungs- und Auswahlprozess mit Effizienzkriterien zielgerichtet durchzuführen: Es gelangen nur solche Organisationsmodelle zur Effizienzevaluation, die grundsätzlich zur Situation passen, d. h. effektiv sind (vgl. die Ausführungen in Abschn. 3.6).

Damit die Gestaltungsprinzipien für die konkrete Generierung organisatorischer Alternativen einfach einsetzbar werden, können

- für jedes Prinzip *Anwendungshinweise* formuliert werden. Was heißt z. B. das Gestaltungsprinzip „Kundenorientierung" im Detail?

- aus den gewonnenen Erkenntnissen für *die einzelnen organisatorischen Aktionsparameter konkrete Anforderungen formuliert* werden. So kann der Wunsch nach starker „Kundenorientierung" und die entsprechend formulierten Anwendungshinweise z. B. zur Vorgabe einer Arbeitsteilung nach den erbrachten Leistungen führen, weil dadurch eine klare Marktpositionierung mit einzigartigem Angebot unterstützt wird.

Beispiel der Konkretisierung von Gestaltungsprinzipien

Eine Unternehmung formuliert in ihrem Leitbild folgenden Satz: „Wir richten uns konsequent auf eine offene Beziehung zu unseren Kunden aus." Diese Aussage findet ihr Pendant in den Zielen und Strategien, wo sie weiter präzisiert wird.

Als die Gestaltungsprinzipien in einem Workshop mit der Geschäftsleitung erarbeitet werden, wird rasch klar, dass einer der gestaltungsleitenden Grundsätze die „Kundenorientierung" sein muss. Als weitere Konkretisierung wird festgehalten, dass a) eine Segmentierung der Unternehmung nach Kundengruppen und b) die Konzentration auf Geschäftsprozesse mit hohem Wert für die Kunden wesentlich sind. ◀

Empfehlung
Die Erarbeitung von Gestaltungsprinzipien ist ein qualitativer Vorgang, an dem die relevanten Entscheidungsträger und Entscheidungsträgerinnen in der Unternehmung unbedingt teilhaben müssen. Erfolgt dieser Einbezug nicht, ist die Gefahr sehr groß, dass die Basis für den Modellentscheid zu einem späteren Zeitpunkt in Frage gestellt wird.

Heuristischer Prozess
Die Erarbeitung der Gestaltungsprinzipien bzw. Design-Kriterien kann mit Hilfsmitteln gesteuert und erleichtert werden (vgl. z. B. Kates und Galbraith 2007, S. 217), bleibt aber immer ein in hohem Maße unternehmungsspezifischer, heuristischer Prozess mit Ungenauigkeiten und Rückkopplungen (zu heuristischen Entscheidungsverfahren vgl. Grünig und Kühn 2017, S. 55 ff.). Wesentlich ist daher stets seine klare und transparente Dokumentierung. Oftmals ist der Einbezug von unabhängigen Experten zur Moderation und fachlichen Unterstützung bei der Herleitung von Gestaltungsprinzipien sehr hilfreich.

Empfehlung
In der Praxis hat es sich bewährt, die Gestaltungsprinzipien bzw. Design-Kriterien nach ihrer Erarbeitung in einem prägnanten Kernsatz zusammenzufassen. Dieser kann im weiteren Prozess als Vision für die organisatorische Gestaltung genutzt werden.

Beispiel eines Kernsatzes, der die Gestaltungsprinzipien auf den Punkt bringt

So hat beispielsweise eine kleinere Regionalbank ihre Neuausrichtung der Organisation und die dabei angewandten Design-Kriterien wie folgt auf den Punkt gebracht: *„Durch die neue Organisation wird die Bank kunden- und marktorientierter, kann besser geführt werden, wird handlungsfähiger und insgesamt produktiver. Damit kann die Regionalbank in ihrem Marktgebiet ihre Bankdienstleistungen noch besser für ihre Kunden erbringen."* ◀

5.5.3 Gewichtung der Effizienzkriterien

Die zweite Stelle, an der die im Bezugsrahmen abgebildete Situation Einfluss auf die Organisationsgestaltung gewinnen muss, befindet sich im Anschluss an die Bewertung möglicher Alternativen. Dies geschieht, indem die zur Bewertung eingesetzten *Effizienzkriterien durch die Gestaltungsträger situationsbezogen gewichtet* werden. Der Kern der verwendeten Kriterien bleibt dabei situationsneutral. Mit der Gewichtung der Effizienzkriterien befasst sich Abschn. 8.3 detaillierter.

Weiterführende Literatur

Interessierten Lesenden empfehlen wir zur Vertiefung der in Kap. 5 behandelten Themenbereiche folgende Artikel und Werke:

Umsystem

Müller-Stewens, Günter; Lechner, Christoph (2016). Strategisches Management. Wie strategische Initiativen zum Wandel führen, 5. Aufl. Stuttgart: Schäffer-Poeschel, S. 150–207.

Steinmann, Horst; Schreyögg, Georg; Koch, Jochen (2013). Management. Grundlagen der Unternehmensführung. Konzepte – Funktionen – Fallstudien, 7. Aufl. Wiesbaden: Springer Gabler, S. 166–192.

Interne Bedingungsgrößen

Kieser, Alfred; Walgenbach, Peter (2010). Organisation, 6. Aufl. Stuttgart: Schäffer-Poeschel, S. 191–375.

Vision, Ziele und Strategien

Macharzina, Klaus; Wolf, Joachim (2018). Unternehmensführung. Das internationale Managementwissen. Konzepte – Methoden – Praxis, 10. Aufl. Wiesbaden: Springer Gabler, S. 205–232 (Ziele) und 255–304 (Strategien).

Müller-Stewens, Günter; Lechner, Christoph (2016). Strategisches Management. Wie strategische Initiativen zum Wandel führen, 5. Aufl. Stuttgart: Schäffer-Poeschel.

Literatur

Anand, Narasimhan, und Richard L. Daft. 2007. What is the right organization design? *Organizational Dynamics* 36(4): 329–344.

Bach, Norbert, Carsten Brehm, Wolfgang Buchholz, und Thorsten Petry. 2017. *Organisation. Gestaltung wertschöpfungsorientierter Architekturen, Prozesse und Strukturen*, 2. Aufl. Wiesbaden: Springer Gabler.

Buchanan, David A., und Richard J. Badham. 2008. *Power, politics and organizational change. Winning the Turf Game*, 2. Aufl. London: SAGE Publications Ltd.

Burton, Richard M., Børge Obel, und Dorthe Døjbak Håkonsson. 2015. *Organizational design. A step-by-step approach*, 3. Aufl. Cambridge: Cambridge University Press.

Dubs, Rolf. 2015. *Normatives Management. Ein Beitrag zu einer nachhaltigen Unternehmensführung und -aufsicht*, 3. Aufl. Bern: Haupt.

EFQM. 2018. Das Kriterienmodell. http://www.efqm.ch/kriterienmodell.html. Zugegriffen am 07.08.2018.

Galbraith, Jay R. 2014. *Designing organizations. strategy, structure, and process at the business unit and enterprise levels*, 3. Aufl. San Francisco: Jossey-Bass.

Grochla, Erwin. 1982/1995. *Grundlagen der organisatorischen Gestaltung*. Stuttgart: Schäffer-Poeschel. (unveränderter Nachdruck 1995).

Grochla, Erwin, und Norbert Thom. 1980. Organisationsformen, Auswahl von. In *Handwörterbuch der Organisation*, Hrsg. Erwin Grochla, 2. Aufl., 1494–1517. Stuttgart: Schäffer-Poeschel.

Grundei, Jens. 2012. Organisations-Controlling. Idee – Aufgaben – Konzeption. In *Organisations-Controlling, Band 1 GoBS-Schriften für Wirtschaft und Verwaltung*, Hrsg. Jens Grundei, Oliver Pulcher, Ludger Becker, und Norbert Stöhr, 5–20. Essen: MA Akademie Verlags- und Druck-Gesellschaft.

Grünig, Rudolf, und Richard Kühn. 2017. *Prozess zur Lösung komplexer Entscheidungsprobleme. Ein heuristischer Ansatz*, 5. Aufl. Berlin: Springer Gabler.

Habegger, Anja. 2017. *Beitrag moderner Organisationsarbeit zur Zukunftsfähigkeit von Unternehmen. Eine Dynamic Capabilities-Perspektive*. Bern: Haupt.

Hilb, Martin. 2016. *Integrierte Corporate Governance. Ein neues Konzept der wirksamen Führung und Aufsicht von Unternehmen*, 6. Aufl. Berlin/Heidelberg: Springer.

Hungenberg, Harald. 2014. *Strategisches Management in Unternehmen. Ziele – Prozesse – Verfahren*, 8. Aufl. Wiesbaden: Springer Gabler.

Hungenberg, Harald, und Torsten Wulf. 2015. *Grundlagen der Unternehmensführung. Einführung für Bachelorstudierende*, 5. Aufl. Wiesbaden: Springer Gabler.

Kates, Amy, und Jay R. Galbraith. 2007. *Designing your organization. Using the star model to solve 5 critical design challenges*. San Francisco: Jossey-Bass.

Kieser, Alfred. 2019. Der Situative Ansatz. In *Organisationstheorien*, Hrsg. Alfred Kieser und Mark Ebers, 8. Aufl., 168–195. Stuttgart: Kohlhammer.

Kieser, Alfred, und Peter Walgenbach. 2010. *Organisation*, 6. Aufl. Stuttgart: Schäffer-Poeschel.

Kubicek, Herbert, und Norbert Thom. 1976. Umsystem, betriebliches. In *Handwörterbuch der Betriebswirtschaft*, Hrsg. Erwin Grochla und Waldemar Wittman, 4. Aufl., 3977–4017. Stuttgart: Schäffer-Poeschel.

Macharzina, Klaus, und Joachim Wolf. 2018. *Unternehmensführung. Das internationale Managementwissen. Konzepte – Methoden – Praxis*, 10. Aufl. Wiesbaden: Springer Gabler.

Müller-Stewens, Günter, und Christoph Lechner. 2016. *Strategisches Management. Wie strategische Initiativen zum Wandel führen*, 5. Aufl. Stuttgart: Schäffer-Poeschel.

Picot, Arnold, Helmut Dietl, Egon Franck, Marina Fiedler, und Susanne Royer. 2015. *Organisation. Theorie und Praxis aus ökonomischer Sicht*, 7. Aufl. Stuttgart: Schäffer-Poeschel.

Scheuss, Ralph. 2016. *Handbuch der Strategien. 240 Konzepte der weltbesten Vordenker*, 3. Aufl. Frankfurt/New York: Campus.

Schreyögg, Georg. 1993. Umfeld der Unternehmung. In *Handwörterbuch der Betriebswirtschaft*, Hrsg. Waldemar Wittmann et al., 5. Aufl., 4231–4247. Stuttgart: Schäffer-Poeschel.

Schreyögg, Georg, und Daniel Geiger. 2016. *Organisation. Grundlagen moderner Organisationsgestaltung. Mit Fallstudien*, 6. Aufl. Wiesbaden: Springer Gabler.

Thom, Norbert. 1988. Organisationsmanagement. Bewertung und Auswahl einer effizienten Organisationsform für Unternehmungen. In *Funktionale Managementlehre*, Hrsg. Michael Hofmann und Lutz von Rosenstiel, 322–352. Berlin/Heidelberg/New York: Springer.

Vahs, Dietmar. 2019. *Organisation. Ein Lehr- und Managementbuch*, 10. Aufl. Stuttgart: Schäffer-Poeschel.

Welge, Martin K. 1993. Organisationsform, Einflußgrößen der. In *Handwörterbuch der Betriebswirtschaft*, Hrsg. Waldemar Wittmann et al., 5. Aufl., 3019–3031. Stuttgart: Schäffer-Poeschel.

Wenger, Andreas P. 1999. *Organisation Multinationaler Konzerne. Grundlagen, Konzeption und Evaluation*. Bern/Stuttgart/Wien: Haupt.

Wenger, Andreas P. 2014. Wertschöpfungsorientiertes Modell der Organisationsanalyse. http://www.organisationsdesign.ch/wp-content/uploads/2014/12/organisationsanalyse-20141211-aw.pdf. Zugegriffen am 07.08.2018.

Wenger, Andreas P., und Adrian Ritz. 2016. Organisationsanalyse – Konzept und Vorgehensweise. In *Praxishandbuch Public Management*, Hrsg. Andreas Bergmann et al., 734–750. Zürich: WEKA Business Media AG.

Wenger, Andreas P., und Norbert Thom. 2018. Auf der Suche nach der optimalen Organisationsform. Konzept, Aktualität und Ausblick. In *ManagementWissen. Was Leader erfolgreich macht*, Hrsg. Markus Sulzberger und Robert J. Zaugg, 95–107. Wiesbaden: Springer Gabler.

Wollnik, Michael. 1980. Einflußgrößen der Organisation. In *Handwörterbuch der Organisation*, Hrsg. Erwin Grochla, 2. Aufl., 592–613. Stuttgart: Schäffer-Poeschel.

Wüthrich, Hans A., Andreas F. Philipp, und Martin H. Frentz. 1997. *Vorsprung durch Virtualisierung*. Wiesbaden: Springer Gabler.

Zaugg, Robert J., Andreas P. Wenger, und Norbert Thom. 2007. Theoriebausteine. In *Fälle zu Organisation und Personal. Fälle zu Organisation und Personal. Didaktik – Fallstudien – Lösungen – Theoriebausteine*, Hrsg. Nobert Thom, Andreas P. Wenger und Robert J. Zaugg, 5. Aufl., 351–381. Bern/Stuttgart/Wien: Haupt.

Anforderungen aus Quellen organisatorischer Effizienz

6

Zusammenfassung

Das sechste Kapitel erläutert zuerst Probleme, die sich im Zusammenhang mit der organisatorischen Effizienz ergeben. Danach erfolgt ein Rückblick auf den Ursprung unserer Überlegungen zur organisatorischen Effizienz. Anschließend wird die gewählte Vorgehensweise zur Definition von Effizienzkriterien vorgestellt. Wir zeigen die Anforderungen, die sich aus dem organisationalen Lernen und der Innovationsfähigkeit für eine leistungswirksame Organisation ergeben, und wie neuartige, dezentrale Organisationsansätze zu diesen Anforderungen stehen.

Charakterisierung des Kapitels: Vertiefende Erläuterungen
Positionierung auf der Themenlandkarte:

A. P. Wenger, N. Thom, *Die optimale Organisationsform*, uniscope. Publikationen der SGO Stiftung, https://doi.org/10.1007/978-3-658-32716-3_6

6.1 Problematik der organisatorischen Effizienz

Im Interesse der Gesamtzielerreichung streben Unternehmungen danach, ihre Organisationsform zu optimieren. Die bestmögliche Effektivität und Effizienz ist allerdings, wie bereits in Kap. 1 erwähnt, *mit heuristischen Verfahren nur annäherungsweise* ermittelbar. In der Praxis sind Verlauf und Ergebnis der Prozesse der Beurteilung organisatorischer Alternativen nicht selten durch Interessen, Intuition und formale Macht der Beteiligten maßgeblich beeinflusst. Vor diesem Hintergrund leistet der nachfolgend präsentierte Problemlösungsansatz zur Effizienzabschätzung einen Beitrag zur rationaleren Durchdrin-gung.

Divergierende Meinungen in der Effizienzforschung

Allerdings findet die in Abschn. 1.1 erwähnte begrenzte wissenschaftliche Fundierung der Organisationsgestaltung im noch unbefriedigenden Stand der organisatorischen Effizienzforschung ihre Fortsetzung. Feststellbar ist nach wie vor, dass in der Effizienzforschung divergierende Meinungen vorherrschen. Eine schonungslose Analyse zeigt definitorische, konzeptionelle und empirische Defizite.

Plädoyer für ein pragmatisches Vorgehen

Angesichts dieser Ausgangslage plädieren wir für ein *pragmatisches Vorgehen*: Der Organisationslehre stellt sich die Aufgabe, den aktuellen, wenn auch längst nicht perfekten Erkenntnisstand aufzuarbeiten, um eine möglichst rationale organisatorische Gestaltung zu fördern. Im unternehmerischen Alltag wird täglich über organisatorische Maßnahmen entschieden – die Nachfrage nach Hilfestellungen entspricht einer praktischen Notwendig-keit.

Bezogen auf ein Effizienzkonzept heißt das konkret, dass die Effizienzkriterien nicht unter Berücksichtigung der Zugehörigkeit zu einem bestimmten Ansatz definiert und eingesetzt werden. Wir bestimmen stattdessen ein möglichst vollständiges und konsistentes Ordnungsgefüge von Kriterien, in dem die einzelnen Kriterien nach *Differenziertheit, Problembezogenheit und Praktikabilität* gewertet werden.

Prämissen für die Konzeption des Effizienzkonzepts

Bei der Erarbeitung unseres Konzeptes zur Bewertung und Auswahl effizienter Organisationsformen leiten uns drei Prämissen:

1. Das Konzept beschränkt sich in der Anwendung primär auf die in Tab. 5.1 aufgeführten Bezugsebene 2 (Geschäftsportfolio) und 3 (Geschäfte). Dies ist die Ebene der (*Unternehmungsleitung bzw. der Geschäftsleitung*), so dass globale Effizienzkriterien vorherrschen.
2. Die Analyse konzentriert sich auf ausgewählte *Schlüsselaufgaben* zur Sachzielerreichung einer Unternehmung.

3. Die Betrachtungsperspektive ist grundsätzlich *langfristig* (wenn auch nie exakt vorherzusehen ist, wie lange die organisatorischen Regelungen für die Unternehmungsspitze Geltung haben werden).

6.2 Vorgehensweise zur Ableitung von Effizienzkriterien

Vom instrumentalen Organisationsbegriff ausgehend liegt es nahe, die Effizienzkriterien unmittelbar aus dem Zielsystem der Unternehmung abzuleiten. Damit würde ein ähnliches Vorgehen wie bei der Definition der Gestaltungsprinzipien bzw. Design-Kriterien gewählt, die auf die Effektivität der Organisation zielen (vgl. Abschn. 5.5.2). So einleuchtend dies auf den ersten Blick erscheinen mag: Es lässt sich nachweisen, dass die zu einem bestimmten Zeitpunkt explizit gültigen obersten Unternehmungsziele für eine Effizienzbewertung der Unternehmungsorganisation nicht genügen.

Die Begründung liegt vorwiegend in folgenden Tatbeständen (vgl. hierzu und zum Folgenden neben dem grundlegenden Werk von Cyert und March 1963 u. a. die Beiträge von Grochla und Thom 1980, Sp. 1499; Hill 1980, Sp. 1816; Welge 1987, S. 8 ff.; Thom 1988, S. 332 f.; Frese et al. 2012, S. 283 ff.):

1. *Zielsysteme mit einem konkreten Set an Unternehmungszielen sind (Zwischen-)Ergebnisse eines politischen Aushandlungsprozesses* zwischen Entscheidungspersonen der Unternehmung. Die Machtverteilung in der Gruppe der einflussreichen Mitglieder der Unternehmungsführungs- und Kontrollorgane ändert sich im Zeitablauf und mit ihr die Struktur des Zielsystems. Diese Veränderlichkeit der Zusammensetzung des Unternehmungszielsystems widerspricht der beabsichtigten Langfristigkeit einer auf Effizienz ausgerichteten Rahmenstruktur.
2. Die Koalitionstheorie postuliert *eine Tendenz zu Quasi-Lösungen*: Bei der Formulierung des obersten Zielsystems einer Unternehmung besteht ein Hang zu nicht voll konsistenten und kompatiblen Kompromissen mit Interpretationsspielraum für alle Beteiligten. Eine Ableitung logisch einwandfrei begründbarer Effizienzkriterien für Organisationsformen aus einem so entstandenen Zielsystem ist nicht ideal.
3. Das *Zurechnungsproblem des Instruments „Organisation" zur Erreichung der obersten Unternehmungsziele ist nicht gelöst.* Es kann sehr wohl sein, dass zur Verwirklichung bestimmter Unternehmungsziele die Organisation im Chor der zahlreichen anderen Managementinstrumente keinen ausschlaggebenden Beitrag leistet. Damit sind Unternehmungsziele zwar allgemeine Orientierungsebenen, aber keine konkreten Ansatzpunkte zur Formalzielfestlegung für die organisatorische Gestaltung.

Effizienzkriterien mit einer hohen Gültigkeitsdauer sind gefragt

Daher sind spezifische Maßstäbe für die Beurteilung der Leistungswirksamkeit der Organisationsformen zu ermitteln. Gesucht sind *Effizienzkriterien, die gegenüber zeitpunktbe-*

zogenen Unternehmungszielen ein höheres Maß an Geltungsdauer und Verbreitung aufweisen. Sie müssen zudem auf das Zielerreichungsinstrument „Organisation" speziell zugeschnitten sein.

Als Ausgangspunkt wird von einem Kategoriensystem ausgegangen, wie es ganz allgemein zur Systematisierung von Zielen einsetzbar ist. Dieses unterscheidet drei große Formalzielkategorien (vgl. Wenger 1999, S. 173 ff. sowie die dort angegebene Literatur):

- eine *ökonomisch-technische*,
- eine *flexibilitätsorientierte* und
- eine *interne anspruchsgruppenorientierte* Kategorie.

Natürlich kann mit dieser Grobunterscheidung keine Effizienzbeurteilung von Organisationsformen vorgenommen werden. Die erwähnten Kategorien müssen in überschau- und messbare Größen überführt werden, damit sie als Instrumente der organisatorischen Gestaltung sinnvoll einsetzbar sind. Ihre Operationalisierung erfolgt in einem gegliederten Prozess, den wir hier nur ansatzweise vorstellen wollen.

Ein mehrstufiger Entwicklungsprozess
Als theoretisches Konstrukt wird die organisatorische Effizienz erst über einen mehrstufigen Ableitungsprozess von *Dimensionen zu Kriterien bis hin zu Indikatoren* zu einem empirisch feststellbaren Sachverhalt. Die drei Operationalisierungsstufen ergeben folgenden Zusammenhang: *Die Dimensionen bestehen üblicherweise aus mehreren Kriterien und sind durch eine große Zahl von Indikatoren messbar.*

Wir nehmen den Ableitungsprozess zunächst nur in zweistufiger Form vor und vernachlässigen die Indikatorenbildung. Im Rahmen der Bestimmung von Effizienzgraden erfolgt später die beispielhafte Nennung von Indikatoren. Die in Kap. 7 präsentierte Auswahl organisatorischer Effizienzkriterien enthält solche, die sich an den Unternehmungszielen, an den Inputgrößen (Ressourcen) und an den internen Prozessen orientieren und dabei den Bezug des Unternehmungssystems zu seinem Umsystem beachten.

6.3 Quellen organisatorischer Leistungswirksamkeit

Bevor die organisatorischen Effizienzkriterien und ihre Unterkriterien definiert werden, wollen wir die Quellen ausleuchten, auf denen organisatorische Leistungswirksamkeit basiert. Einerseits sind dies die Ursprünge der Kriterien, wie sie von Grochla & Thom und Thom vorgeschlagen wurden (vgl. Grochla und Thom 1980, Sp. 1499 ff.; Thom 1988, S. 332 ff.). Andererseits erweitern wir das Konzept um zusätzliche, mittlerweile wesentlich gewordene Aspekte, wie sie von Wenger für die Beurteilung der Effizienz organisatorischer Strukturen erschlossen wurden (vgl. Wenger 1999, S. 349 ff.).

Einbindung ressourcenorientierter Überlegungen

Diese Aspekte resultieren aus ressourcenorientierten Überlegungen. Die Verbindung dieser Überlegungen mit der Organisation wird in Kap. 4 erläutert. Dort hatten wir ein strategiebewusstes Organisationsmanagement gefordert, das einerseits auf das Management und die Weiterentwicklung existierender und neuer organisatorischer Ressourcen und Fähigkeiten (im Sinne des dargestellten Kernkompetenz-Gedankens) fokussiert und konsequent in die Strategieentwicklung und Geschäftsmodellierung einbezogen wird. Andererseits soll gleichzeitig eine möglichst systematische Akkumulation, Integration und Weiterentwicklung von Wissen über organisationsbezogene Kernkompetenzen in der Unternehmung gefördert werden (Metakompetenz).

Um die sich aus dem Verständnis der Organisation als Erfolgspotenzial und Kernkompetenz ergebende unternehmerische Verantwortung wahrzunehmen und mitzutragen, sind relevante Aspekte bereits bei der Auswahl einer organisatorischen Alternative explizit zu berücksichtigen. Dadurch werden die mit ihnen verbundenen Aufgaben der Organisation im heutigen Umfeld erleichtert.

Wir führen mit dem *organisationalen Lernen* (vgl. Abschn. 6.5) und der *Innovationsfähigkeit* (vgl. Abschn. 6.6) zwei in diesem Zusammenhang wichtige, unter sich zum Teil interdependente Themengebiete ein. Weiter zeigen wir ihre Bedeutung für die organisatorische Effizienz (als Vorbereitung einer Integration in die zu formulierenden Effizienzkriterien) auf. Dies geschieht, indem die Anforderungen an die Organisation strukturiert herausgearbeitet werden. Schließlich zeigen wir, wie neuartige, dezentrale Organisationsansätze zu den Themengebieten organisationales Lernen und Innovationsfähigkeit stehen bzw. wie sie im Hinblick auf organisatorische Effizienzüberlegungen zu interpretieren sind (vgl. Abschn. 6.7).

6.4 Basis des Effizienzkonzepts

6.4.1 Praktische Quelle des Effizienzkonzepts

Das Effizienzkonzept der Autoren hatte *zwei Hauptquellen*, nämlich eine *praktische und eine wissenschaftlich-pädagogische*. Die ursprünglichen praktischen Erprobungen erfolgten in einem Projekt des Bundesministeriums der Verteidigung, Führungsstab der Streitkräfte (Bonn), am Ende der 70er-Jahre des letzten Jahrhunderts (vgl. Koerdt 1980). Dort wurden bei der Bewertung einer militärischen Organisation fünf Kriterien systematisch angewendet:

1. die Aufgabenorientierung der Organisation,
2. die Führbarkeit und der Organisationsaufwand,
3. die Standardisierung,

4. die Schnelligkeit und die Qualität des Informationsverarbeitungs- und Entscheidungsprozesses sowie
5. der Übergang von der Friedens- in die Kriegsgliederung.

Die eingesetzten Kriterien basierten auf dem damaligen Erkenntnisstand der Organisationswissenschaft (Klassische Organisationslehre, Situativer Ansatz, Entscheidungsorientierte Betriebswirtschaftslehre). Sie berücksichtigten zusätzlich die besonderen Anforderungen aus dem Anwendungsbereich (z. B. Kriterium Nr. 5: Übergang von der Friedens- in die Kriegsgliederung).

Um eine zu starke Vereinnahmung durch den militärischen Kontext zu verhindern, waren zwei weitere Kriterien Gegenstand einer sich anschließenden zusammenfassenden Bewertung, die in Form einer Studie realisiert werden konnte:

1. *Flexibilität der Organisation* definiert als die durch die „[...] Organisationsstruktur gegebene Fähigkeit, Änderungen innerhalb des betrachteten sozio-technischen Systems und seiner Umsysteme ohne (grundlegende) Organisationsänderungen so aufzufangen, dass die Aufgabenerfüllung im erforderlichen Mindestumfang gewährleistet bleibt (Koerdt 1980, S. 173)."
2. *„Faktor" Mensch bzw. Soziale Effizienz*, die mit folgender Definition einbezogen wurde: „Die Organisationsstruktur [...] ist für den durchschnittlichen Aufgabenträger durchschaubar/begreifbar, wirkt sich positiv auf die Arbeitsplatzzufriedenheit aus und schafft die Voraussetzungen dafür, daß eine hinreichende Zahl von Führungskräften am Arbeitsplatz (weiter-)gefördert/ausgebildet wird (Koerdt 1980, S. 174)."

Die Stabsarbeit für diesen Bewertungsprozess wurde durch Koerdt und Thom geleistet (vgl. auch die Diskussionsbeiträge Thom 1980a). Ersterer gelangte zu folgendem Fazit bezüglich der praktischen Erprobung: „Was wir erzielen konnten, war [...] in jedem Fall eine detaillierte Durchdringung des Untersuchungsobjektes und damit eine Verbesserung des Entscheidungsprozesses; zusätzlich bot sich uns die Möglichkeit einer Reduktion der Komplexität und damit einer klareren Darstellung (Koerdt 1980, S. 183)."

6.4.2 Wissenschaftlich-pädagogische Quelle des Effizienzkonzepts

Neben der praktischen Erprobung erfolgten eine zusätzliche *wissenschaftliche Durchdringung und pädagogische Aufbereitung* für Lehrbücher und dergleichen. Dabei wurden weitere Erkenntnisse der Organisationswissenschaft und die breite Erfahrung aus praktischen Veränderungsprozessen eingebracht.

Dokumentation der Quellenlage

Die in diesem Buch ausgeführten Gedanken zur Bewertung und Auswahl effizienter Organisationsformen sind das Ergebnis langjähriger Forschungsarbeiten. Diese wurden immer wieder in Form von Publikationen dokumentiert. Zur Klärung der Quellenlage führen wir hier die wichtigsten Artikel und Werke auf, die gleichsam als Vorstufe zu diesem Buch entsprechende (Zwischen-)Ergebnisse enthalten:

Grochla, Erwin; Thom, Norbert (1980). Organisationsformen, Auswahl von. In: Grochla, Erwin (Hrsg.). Handwörterbuch der Organisation, 2. Aufl. Stuttgart: Poeschel, Sp. 1494–1517.

Thom, Norbert (1988). Organisationsmanagement. Bewertung und Auswahl einer effizienten Organisationsform für Unternehmungen. In: Hofmann, Michael; Rosenstiel, Lutz von (Hrsg.). Funktionale Managementlehre. Berlin/Heidelberg/New York: Springer, S. 322–352.

Thom, Norbert (1990). Zur Effizienz der Matrix-Organisation. In: Bleicher, Knut; Gomez, Peter (Hrsg.). Zukunftsperspektiven der Organisation. Festschrift zum 65. Geburtstag von Professor Dr. Robert Staerkle. Bern: Stämpfli, S. 239–270.

Thom, Norbert; Wenger, Andreas P. (1996). Unternehmungsorganisation als Kernkompetenz. Auswirkungen auf organisatorische Strukturen, Prozesse und Gestaltende. In: Bruch, Heike; Eickhoff, Martin; Thiem, Henning (Hrsg.). Zukunftsorientiertes Management. Handlungshinweise für die Praxis. Frankfurt a. M.: Frankfurter Allgemeine Zeitung, S. 54–70.

Thom, Norbert; Wenger, Andreas P. (2000). Bewertung und Auswahl effizienter Organisationsformen. Die effiziente Organisationsstruktur als Kernkompetenz. Arbeitsbericht Nr. 39. Bern: Institut für Organisation und Personal der Universität Bern.

Thom, Norbert; Wenger, Andreas P. (2002). Die effiziente Organisation. Bewertung und Auswahl von Organisationsformen. OrganisationsWissen Nr. 9. Glattbrugg: SGO.

Thom, Norbert; Wenger, Andreas P. (2012). Effizienzkonzept zur Auswahl einer Organisationsform. In: Steiner, Reto; Ritz, Adrian (Hrsg.). Personal führen und Organisationen gestalten. Bern/Stuttgart/Wien: Haupt, S. 3–14.

Wenger, Andreas P. (1999). Organisation Multinationaler Konzerne. Grundlagen, Konzeption und Evaluation. Bern/Stuttgart/Wien: Haupt.

Wenger, Andreas P.; Thom, Norbert (2018). Auf der Suche nach der optimalen Organisationsform. Konzept, Aktualität und Ausblick. In: Sulzberger, Markus; Zaugg, Robert J. (Hrsg.). ManagementWissen. Was Leader erfolgreich macht. Wiesbaden: Springer Gabler, S. 95–107.

Die erste Gelegenheit bot sich für einen Beitrag zum „Handwörterbuch der Organisation“, zweite, völlig neu gestaltete Auflage im Jahre 1980.

Grochla/Thom 1980: Fünf Kriterien für die Auswahl von Organisationsformen

Die Autoren Grochla und Thom (vgl. Grochla und Thom 1980, Sp. 1501 f.) stellten in ihrem Beitrag „Organisationsformen, Auswahl von“ *fünf Kriterien für die Auswahl von Organisationsformen* (wie z. B. Funktionale, Divisionale und Matrix-Organisation) vor und konkretisierten diese jeweils durch mehrere „Unterziele“:

1. Zielorientierung der Organisation,
2. Führung und Koordinationsaufwand,
3. Schnelligkeit und Qualität der Entscheidungsprozesse,
4. Flexibilität/Anpassungsfähigkeit der Organisation und
5. Soziale Effizienz.

Aus der Perspektive der Formalziele der organisatorischen Gestaltung bearbeitete Grochla die Thematik im Lehrbuch „Grundlagen der organisatorischen Gestaltung“ weiter (vgl. Grochla 1982/1995). Dort nannte er 1982 als Formalziele für die Gestaltung der Rahmenstruktur einer Unternehmung

1. die wirtschaftliche Aufgabenerfüllung,
2. die hohe Arbeitszufriedenheit und Motivation sowie
3. die angemessene Anpassungsfähigkeit der Unternehmung.

Diese drei Formalziele sind die eigentlichen Kategorien, die dem Effizienzkonzept zugrunde liegen.

Effizienzkriterien nach Thom 1988

In seinem Beitrag für ein Sammelwerk zur „Funktionalen Managementlehre" griff Thom 1988 die Kriterien aus dem gemeinsamen Beitrag mit Grochla wieder auf (vgl. Thom 1988). Präzisierend nannte er sie nun

1. Zielorientierung der Organisation,
2. Förderung der Führbarkeit und Begrenzung des Koordinationsaufwandes,
3. Schnelligkeit und Qualität der Informationsverarbeitungsprozesse,
4. Anpassungsfähigkeit der Organisation (Flexibilität) und
5. Förderung der sozialen Effizienz.

Alle Effizienzkriterien wurden mit dem Ziel der Verwendbarkeit in der Praxis durch Unterziele präzisiert.

6.4.3 Prüfstand der Praxis und Empirie

Parallel zur beschriebenen Evolution des Konzeptes in Publikationen wurde das Effizienzkonzept immer wieder auf den *Prüfstand der Praxis* gestellt. Der erfolgreiche Einsatz in vielen organisatorischen Gestaltungsprozessen zeigte die gute entscheidungstechnische Verwendbarkeit. So gelangten die genannten Kriterien beispielsweise bei der Schweizerischen Post im Projekt OFS (Optimierung der Führungsstrukturen) zur Anwendung (vgl. Thom 1993).

Cantin/Thom 1995: Vergleich von Ist- und Soll-Situation

Auch empirisch wurde das Effizienzkonzept überprüft: Die Relevanz der verwendeten Kriterien wurde bei einer breit angelegten Befragung von schweizerischen Organisierenden durch Cantin und Thom bestätigt. Gefragt wurde nach den „Ist- und Soll-Beiträgen der Organisation zum Unternehmungserfolg". Die größte Differenz zwischen der Ist- und Soll-Situation zeigte sich bei folgenden „Kriterien" (Cantin und Thom 1995, S. 60):

1. „Dafür Sorge tragen, dass sich die Unternehmung an die von außen gestellten Anforderungen rechtzeitig anpassen kann (Flexibilität gewährleisten)“ und
2. „Sicherstellen, dass Entscheidungen in der notwendigen Schnelligkeit und Qualität getroffen werden“.

6.4.4 Weiterentwicklung und intensiver Einsatz in der Praxis

Effizienzkriterien multinationaler Konzerne nach Wenger 1999
Der so erarbeitete Erkenntnis- und Erfahrungsstand wurde von Wenger in seiner Dissertation zum Thema „Organisation Multinationaler Konzerne“ aufgegriffen und in ein mehrstufiges Evaluationskonzept für Organisationsstrukturen solcher Konzerne eingebracht. Er ergänzte die flexibilitätsorientierten Kriterien unter anderem um die *Handlungs- und Innovationsfähigkeit der Organisation* und erweiterte sie um das Kriterium der „Förderung der organisatorischen Lernfähigkeit (Kompetenzbündelungseffizienz)“. Weiter wurde der Förderung der sozialen Effizienz die *individuelle Lernfähigkeit* hinzugefügt (vgl. Wenger 1999, S. 373 ff.).

Das Konzept mit der beschriebenen Weiterentwicklung ist in den Folgejahren von uns in einer sehr großen Anzahl von Reorganisationsprojekten in unterschiedlichsten Unternehmungen und Institutionen intensiv erprobt und in der Anwendung verfeinert worden. Es hat sich in unterschiedlichsten Settings und Branchen bestens bewährt.

Insgesamt entstand das Effizienzkonzept, das wir in der vorliegenden Schrift vorstellen, aus umfassenden Literaturanalysen, aus konzeptionellen Beiträgen der erwähnten Autoren, aus empirischen Untersuchungen sowie aus praktischen Erprobungen. Es kann dadurch als ein *robustes Instrument in der Hand der Organisierenden* qualifiziert werden, das solide fundiert ist.

6.5 Organisationales Lernen

6.5.1 Wissen als Grundlage der Wettbewerbsfähigkeit

Wissen als zentraler Produktionsfaktor
In den heutigen Wissensgesellschaften hat Wissen den Status eines zentralen Produktionsfaktors (vgl. Sauter und Scholz 2015, S. 1 f.). Durch Wissen kann Wettbewerbsfähigkeit aufgebaut und nachhaltig gesichert werden (vgl. hierzu beispielsweise Handy 1990, S. 34 ff.; Drucker 1993, S. 328 ff.; von Krogh und Venzin 1995, S. 417 ff.; Harasymowicz-Birnbach 2008, S. 51 ff.). Die Eignung des in der Unternehmung gebundenen Wissens als Grundlage für die Schaffung nachhaltiger Wettbewerbsvorteile liegt besonders in dessen sehr erschwerter Imitierbarkeit und Einzigartigkeit (vgl. von Krogh und Venzin 1995, S. 419 f.). Für Unternehmungen gilt es daher, die besten Voraussetzungen zu schaffen, um

Wissen erschließen, speichern, akkumulieren, zugänglich machen, verbinden, konkret umsetzen (z. B. in Produkt- und Prozessinnovationen) und erneuern zu können.

Wissensmanagement ist problembehaftet
Wissensmanagement ist für Unternehmungen jedoch mit einigen Problemen behaftet: Relevantes Wissen muss beispielsweise erkannt, weiterentwickelt, von individuellem in organisationales Wissen transformiert, konkret umgesetzt, aufbewahrt und dynamisch erneuert werden. Die erste primär technikgetriebene Welle des Wissensmanagements in den 1990er-Jahren hat denn auch zu einer großen Desillusionierung geführt (vgl. von Krogh und Venzin 1995, S. 419 f.). Gründe dafür waren u. a. eine zu starke Ausrichtung auf unflexible, wenig anwendernahe zentrale Systeme und die Vernachlässigung kultureller Aspekte im Hinblick auf den menschlichen Umgang mit Information und Wissen.

Abgestimmt auf die maßgeblich veränderten Umweltbedingungen von Unternehmungen (vgl. dazu Abschn. 4.2) stehen in einer zweiten Welle des Wissensmanagements heute Aspekte im Vordergrund, die sehr nahe am Mitarbeitenden sind (vgl. Sauter und Scholz 2015, S. 3 f.). Es sind dies Mechanismen der Selbstorganisation (Bewältigung der Herausforderungen in der Praxis, Lernprozesse bei der Arbeit und im Netz), Austausch und kollaborative Weiterentwicklung von Erfahrungswissen, Communities of Practice und Entwicklung einer passenden Unternehmungskultur. Die genannten Aspekte stehen nicht unerwartet im Einklang mit zentralen Eigenschaften von neuartigen, dezentralen Organisationslösungen (z. B. Konzepte wie „Collaborative Architecture“, „Agile Organisation“, „Teal Organization“, „Exponential Organization“ und „Holocracy“, vgl. dazu vertiefend Abschn. 6.7). Weiter kommen zunehmend auch flexible, „Artificial Intelligence“-gestützte Tools zur Anwendung.

6.5.2 Beitrag der Organisation zum Wissensmanagement

6.5.2.1 Kreislauf des organisationalen Lernens

Der Organisation kommt im Kontext des Wissensmanagements zweifellos eine große Bedeutung zu. Durch gezielten Einsatz von Strukturen, Prozessen und Methoden ist die Organisation fähig, aktiv zur Überwindung der angesprochenen Probleme beizutragen. Der organisatorische Rahmen kann aber in ungünstigen Fällen auch hindernd wirken.

Für unsere Zwecke ist es ausreichend, kurz darzustellen, was unabhängig von der Art des Wissens in der Managementlehre unter *organisationalem Lernen* verstanden werden kann und wer seine Träger sind. Zunächst (noch einmal) eine grundlegende Definition (zum weiten Verständnis des Organisationalen Lernens und den verschiedenen Ansätzen und Vertretern vgl. Lehner 2014, S. 123 ff.):

Begriff – Organisationales Lernen (Büchel und Probst 2018, S. 307)

1. *„[…] ist ein Prozess, der über das individuelle Lernen hinausgeht und auf mehreren Ebenen, vom Individuum zur Gruppe zur Organisation, abläuft.*
2. *[…] verändert die Wissensbasis von Mitarbeitenden und Führungskräften.*
3. *[…] erhöht die Problemlösungs- und die Handlungskompetenz von Mitarbeitenden und Führungskräften.*
4. *[…] kann zu einer Veränderung des gemeinsamen Bezugsrahmens von Mitarbeitenden und Führungskräften führen und damit zu einem ganzheitlichen, systemischen Phänomen.“*

Die Fähigkeit einer Unternehmung, organisational zu lernen, ist damit nicht zuletzt eine Grundvoraussetzung, um als System veränderungsfähig zu sein. (Vgl. dazu James 2003*; Vahs* 2019*, S. 443).*

Das Ganze ist mehr als die Summe seiner Teile
Organisationales Lernen einer Unternehmung ist *aber quantitativ und qualitativ von der Summe des individuellen Lernens der Organisationsmitglieder verschieden*: Einerseits können Einzelpersonen über Wissen verfügen, das der Organisation nicht zugänglich ist. Andererseits kann die Organisation über Wissen verfügen, welches die Individuen nicht oder nicht mehr präsent haben.

Kreislauf des Lernens
Vereinfacht lässt sich der Prozess des organisationalen Lernens in einem aufeinander aufbauenden, dreistufigen Modell darstellen:

- **1. Stufe:** *Individuelles Lernen.* Umfasst Wissen und Lernen von Individuen, das der Unternehmung idealerweise zur Gänze zur Verfügung steht.
- **2. Stufe:** *Kollektives Lernen.* Individuelles Wissen wird durch Gruppenprozesse Teil des gemeinsam geteilten kulturellen Wissensvorrates der Organisation oder eines ihrer Subsysteme.
- **3. Stufe:** *Organisatorische Verankerung.* Anwendung und Umsetzung kollektiven Wissens werden durch Institutionalisierung und Verankerung (Formalisierung und Autorisierung) organisatorisch gesichert. Für die Aktionsträger der Unternehmung lässt es sich in Form von konkretem Handlungswissen nutzen.

Das organisationale Wissen stellt für alle Organisationsmitglieder gleichzeitig eine neue Basis für individuelles Lernen dar. Dadurch, dass organisatorisch verankertes Wissen (3. Stufe) in konkreten Handlungs- und Entscheidungsepisoden des unternehmerischen Alltags realisiert wird (Rückkopplung auf die individuelle Ebene der 1. Stufe), entsteht in der Unternehmung ein *Kreislauf des Lernens* (vgl. Müller-Stewens und Pautzke 1996, S. 195 f.). Durch diese Zirkularität zeigt sich, dass organisationales Lernen in gegebene

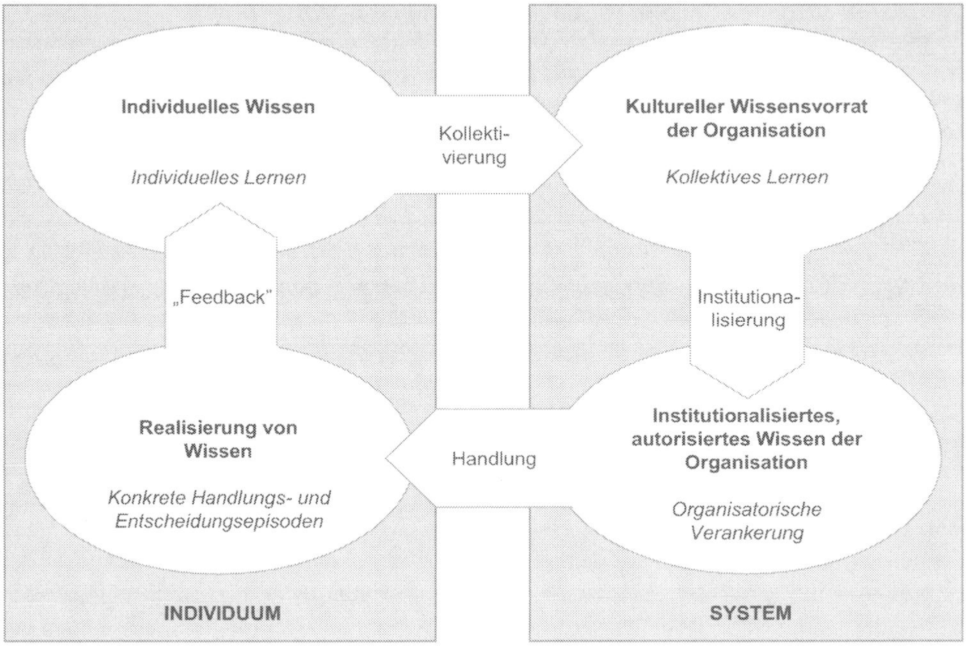

Abb. 6.1 Der Kreislauf des organisationalen Lernens (Vereinfacht aus Müller-Stewens und Pautzke 1996, S. 195)

Ziele und Normen eingreift und damit den Kontext verändert. Den beschriebenen Kreislauf verdeutlicht Abb. 6.1.

▶ **Begriff – Single-loop learning, double-loop learning, deutero learningDeutero learning (Prozesslernen):** *In der Literatur werden mehrere Arten bzw. Ebenen des Lernens unterschieden. Das einfachste Lernen ist dabei das Anpassungslernen (single-loop learning), das „[…] in einem gegebenen Kontext von Zielen und Normen [abläuft] und […] primär auf Erhöhung der Effizienz der Zielerreichung gerichtet […]" (Müller-Stewens und Pautzke* 1996, *S. 197 f.) ist.*

In einer dynamischen Umwelt reicht diese Art des Lernens aber nicht aus, vielmehr ist hier zusätzlich sogenanntes Veränderungslernen (double-loop learning) nötig. Dabei wird auch der bestehende Kontext verändert: Geltende Normen und Werte werden hinterfragt, neue Prioritäten und Gewichtungen gesetzt. Eventuell wird sogar die Restrukturierung von Werten herbeigeführt.

Prozesslernen (deutero learning) schließlich umfasst die Fähigkeit zur Reflexion der anderen beiden Arten des Lernens. Prozesslernen „[…] ist die Einsicht über den Ablauf der Lernprozesse, in dem Lernen zu lernen der zentrale Bezugspunkt wird." (Probst und Büchel 1994, *S. 39). Auf dieser Ebene des Lernens ist die in Abschn. 4.4 angesprochene Akkumulation, Integration und Weiterentwicklung von Wissen über organisationsbezogene*

Kernkompetenzen in der Unternehmung anzusiedeln. (Vgl. Probst und Büchel 1994, *S. 35 ff.; Argyris und Schön* 2018, *S. 35 ff.; Vahs* 2019, *S. 440 ff.)*

Im Folgenden zeigen wir Möglichkeiten, wie *organisatorische Maßnahmen und Instrumente zu den Lernprozessen in den drei erläuterten Stufen* (individuelles Lernen, kollektives Lernen und organisatorische Verankerung) *beitragen können*. Damit wird klar, wie Organisation im Kontext des organisationalen Lernens unterstützend in den Prozess der Transformation von individuellem zu organisationalem Wissen eingreifen kann.

6.5.2.2 Beitrag unter genereller Perspektive

„Organizational slack" ist relevant

Noch vor konkreten organisatorischen Aktivitäten in den einzelnen Stufen ist unter einer generellen Perspektive vor allem die Bereitstellung von *Organizational Slack* angesprochen. Damit ist eine gewisse Überversorgung einer Organisation oder ihrer Teilbereiche mit Ressourcen über das unmittelbar benötigte Maß hinaus gemeint (vgl. Bach et al. 2017, S. 393). Dieser Tatbestand ist heute wegen dem verbreiteten, hohen wirtschaftlichen Druck und den kontinuierlich notwendigen Effizienzsteigerungen vorwiegend negativ belegt. Bis zu einem gewissen Grad ist Organizational Slack aber die Voraussetzung für kreatives, individuelles Lernen (im Sinne eines „enablers"/Ermöglichers).

▶ **Begriff – Beurteilung von Slack:** *„Faktisch kommt es […] auf die Nutzung der sog.* Überschussressourcen *an: liegen sie brach, bleiben sie ungenutzt, ist dieser Slack eher negativ einzuschätzen; werden sie als Potenziale zur Bearbeitung in der Vergangenheit vernachlässigter oder zukünftiger Aufgaben begriffen und entsprechend genutzt, ist dies positiv zu beurteilen." (Staehle* 1991, *S. 315).*

Der Abbau „redundanter" Stellen im Rahmen von Reorganisationen und Restrukturierungen muss von diesem Gesichtspunkt her zum Teil kritisch eingeschätzt werden, da damit „[…] bestimmte Wissensbestände oder Fähigkeiten nicht mehr an mehreren Stellen der Organisation gleichzeitig vorhanden […]" sind. (Romhardt 1997, *S. 81).*

Notwendigkeit von Reserven

Wir sind der festen Überzeugung, dass intelligente organisatorische Reserven (auch in Krisenzeiten) notwendig sind. Voraussetzung ist, dass sie polyvalent nutzbar sind, um nicht brachzuliegen. Solche „Puffer" sind eine Voraussetzung dafür, dass Mitarbeitende sich bei Bedarf aus der operativen Hektik befreien können, den Raum finden, um zu reflektieren, zu lernen, neues Wissen zu akkumulieren und dieses mittels Kommunikation auszutauschen. Wichtig ist besonders die Chance, dass in solchen Situationen eine gewisse Distanz zum gewohnten organisationalen Kontext aufgebaut wird. Nur so *sind existierende Begrenzungen und alternative Möglichkeiten erkennbar.*

Damit die erwähnten Reserven optimal zum Tragen kommen, ist allerdings ein anderer Führungsfokus nötig als im traditionellen, stark auf effiziente Aufgaben und Transaktionen ausgerichteten Management. Führung muss sich viel mehr auf die Transformation der

Unternehmung fokussieren und dabei den Wandel antreiben und beeinflussen (vgl. James 2003, S. 47 ff.).

Aus dieser Perspektive sind Strukturformen gesucht, die Raum für Innovationen und Kreativität bieten und Reflexionen über Arbeitsprozesse ermöglichen (vgl. Probst und Büchel 1994, S. 119). Probleme sollen bearbeitbar und Chancen erkennbar sein. Aufgaben sind ganzheitlich zu lösen und die Mitarbeitenden sollen an Entscheidungen partizipieren können.

In diesem Zusammenhang wird oft von *„organisationaler Ambidextrie" („Beidhändigkeit")* gesprochen (vgl. Krüger 2014, S. 2). Dabei geht es darum, dass die Unternehmung einerseits „mit der rechten Hand" das operative Tagesgeschäft möglichst effektiv und effizient betreibt. Andererseits muss „die linke Hand" an der tief greifenden Erneuerung der Unternehmung arbeiten, und zwar in kontinuierlicher Abstimmung mit der „rechten Hand" (damit beide Seiten wissen, was läuft). Dies führt zu unterschiedlichen Ansprüchen an die Organisation und einem ständigen Ringen zwischen Stabilität und Agilität (vgl. Wenger und Thom 2018, S. 102 f.).

Lösen wir uns jetzt vom generellen Beitrag der Organisation und fokussieren wir auf den Beitrag, den die Organisation zu den drei Stufen des organisationalen Lernens leisten kann.

6.5.2.3 Beitrag zur 1. Stufe (individuelles Lernen)

Der Förderung des individuellen Lernens dienen einerseits institutionalisierte unternehmungsinterne und -externe Aktivitäten im Bereich der Personalentwicklung (Förderung der Lernbereitschaft und Lernfähigkeit).

Größere Handlungsfreiräume für die Organisationsmitglieder

Organisationsbezogen sind andererseits vor allem Maßnahmen zur Dezentralisierung und zur Delegation von Verantwortung gesucht. Anzustreben ist eine Reduzierung der Arbeitsteilung, die Integration von Denken, Handeln und Planung sowie eine praktische Durchführung und Kontrolle erlaubt („vollständige Tätigkeiten"). Ziel ist es, den Organisationsmitgliedern allgemein größere Handlungsfreiräume zu verschaffen, Toleranz für Fehler einzuräumen und Selbstorganisation und -kontrolle zu stärken. In diesen größeren Autonomieräumen kann generell Wissensentwicklung stattfinden bzw. mit Verbesserungen und Neuem experimentiert werden.

Wesentlich sind schließlich konkrete und systematische Anreizmechanismen, die auf Lernen und Lernerfolg ausgerichtet sind (vgl. James 2003, S. 49). Zu materiellen oder weiteren immateriellen Belohnungselementen gehört insbesondere echte und sichtbare Anerkennung.

6.5.2.4 Beitrag zur 2. Stufe (kollektives Lernen)

Austausch von Wissen durch Kommunikation und Interaktion

Organisationsmitglieder müssen einfach zugängliche Möglichkeiten haben, ihr individuelles Wissen durch Kommunikation und persönlichen Kontakt auszutauschen. Damit verbreitet sich individuelles Wissen, z. B. durch Diskussionen, in einer größeren Gruppe. Das Wissen wird objektiviert, reichert sich an und gewinnt dadurch eine neue Qualität. Es werden Redundanzen geschaffen, die das vorhandene Wissen von einzelnen Individuen als Träger lösen. Im Idealfall entstehen weit verzweigte Wissensnetzwerke.

Besonders wichtig ist in diesem Zusammenhang, dass diese Umsetzungs- bzw. Diffusionsstufe nicht von der bestehenden Hierarchie behindert wird. Vielmehr soll ebenen-, bereichs- und funktionsübergreifend kommuniziert und vorgegangen werden, insbesondere auch informell. Dies ist einerseits wichtig, weil die Teilung der Unternehmung in kleine und spezialisierte organisatorische Einheiten (aus Markt- und Kundensicht notwendig) die Herausbildung übergreifenden Wissens stark gefährdet. Andererseits sollen die etablierten Regeln und Strukturen neu entstehende Alternativen nicht behindern, sondern den Wandel tolerieren, ja sogar fördern.

Hilfreiche Unterstützungsmaßnahmen

Als konkrete organisatorische Maßnahmen und Hilfsmittel, die hierbei unterstützend wirken, sehen wir (vgl. Probst und Büchel 1994, S. 119; Güldenberg und Eschenbach 1996, S. 8; Probst und Raub 1996, S. 35; Senge und Scharmer 1996, S. 34 f.; Preissler et al. 1997, S. 8 ff.; Probst et al. 1998, S. 238 ff.; James 2003, S. 50 f.; Stary et al. 2012; Sauter und Scholz 2015, S. 29 ff.):

- *Horizontale, bereichs- und funktionsübergreifende Arbeits- und Projektteams*, die auf mittleren und unteren Arbeitsebenen problemnah, zeitnah und in eigener Kompetenz Betriebsaufgaben bearbeiten und Fragestellungen lösen.
- Entsprechende *Mechanismen der Selbstorganisation* mit dezentralem Handeln und Lernen (inkl. entsprechender Ausrichtung der Anreizstrukturen).
- *Arbeitsinstrumente, die Möglichkeiten für kollektives Lernen im täglichen Arbeitsleben eröffnen*: Narrative und Springboard Storytelling, World Café, Wissenslandkarten, Value Networks, netzwerkartige Formen, strategische Geschäftseinheiten, Innovationsinstrumente wie gruppenorientierte Systeme des betrieblichen Ideenmanagements etc.
- *Strukturimmanente Instrumente* wie Koordinationskreise und -gruppen.
- *Kontakt- und Verbindungspersonen* (zentral und dezentral), die durch Engagement in mehreren, jeweils übergreifenden Projekten den Wissenstransfer ermöglichen („Wissensbroker").
- *Diskussions- und Interaktionsforen*, die mehr oder weniger aus dem Tagesgeschäft abgekoppelt sind (parallele Lernsysteme). Sie können institutionalisiert oder ad hoc gebildet werden (traditionelle Qualitätszirkel, Workshops aller Art, Communities of Practice, freie Diskussionsgruppen).
- *Spezifische Lernforen* (Lernteams und -laboratorien) zur Wissensentwicklung.

Eine interessante Lektüre sind in diesem Zusammenhang Maßnahmen, Techniken und Hilfsmittel, wie sie im Rahmen von „Lean Management" zur Anwendung kommen (vgl. beispielsweise Gorecki und Pautsch 2018).

6.5.2.5 Beitrag zur 3. Stufe (organisatorische Verankerung)

Wissen institutionalisieren …

Gewonnenes Wissen soll aus Sicht der Unternehmung durch Veränderung des organisatorischen Regelwerks in Strukturen und Prozesse eingebracht, kodifiziert und damit institutionalisiert werden. Gleichzeitig wird dadurch verbindlich gültiges von unerwünschtem Wissen getrennt. Das Ziel liegt darin, das Erlernte in die relevanten organisatorischen Handlungen einzubringen. Das heißt die Wissenspotenziale sollen gebündelt sowie sichtbar und konkret nutzbar gemacht werden. Strukturell kann dies so weit gehen, dass spezielle Organisationsstellen mit dem Ziel des Wissensmanagements implementiert werden. Eine weitere Möglichkeit liegt im Aufbau wirksamer Unterstützungssysteme für das organisationale Lernen.

… mit Unternehmungskultur und Instrumenten unterstützen

Im Zusammenhang mit Erfahrungswissen ist v. a. eine *entsprechende Unternehmungskultur wichtig*, die Kernaspekte des organisationalen Lernens auf der 3. Stufe fördert. Diesbezügliche Vorzüge einer starken Kultur sind Handlungsorientierung durch Komplexitätsreduktion, eine Erleichterung der Kommunikation durch gemeinsame Orientierungsmuster, eine raschere Informationsverarbeitung und Entscheidungsfindung, einen geringeren Kontrollaufwand sowie eine hohe Motivation und Teamgeist (vgl. Steinmann et al. 2013, S. 668 f.).

Ermöglicht wird die Institutionalisierung weiter durch den *Einsatz diverser unterstützender Organisationstechniken* (für einen Überblick über eine methodische und softwaretechnische Unterstützung vgl. Lehner 2014, S. 198 ff.). Wissen wird zusätzlich mittels traditioneller Instrumente (z. B. Bibliotheken) und Informationstechnologien (für alle zugängliche und transparente Datenbanken, Informationsmanagementsysteme) kodiert und gespeichert.

Zunehmend sind technologisch gestützte, AI-basierte Plattformsysteme (z. B. Starmind) wesentlich, auf denen unternehmungsintern und -extern (im Wertschöpfungssystem, darüber hinaus) auf freiwilliger Basis und selbstorganisiert relevantes (Experten-) Wissen geteilt und zugänglich gemacht wird. Solche Instrumente enthalten in ihrer Ausgestaltung immer auch organisatorische Komponenten.

… und Wissen gelegentlich erneuern

Wesentlich ist, dass Formalisierung und Institutionalisierung neuen Wissens über die Zeit nicht zu einer simplen Überlagerung alter mit neuen Wissensschichten führen darf. Jedes durch organisationales Lernen gespeicherte Wissen muss periodisch wieder verlernt, die angesprochenen Systeme also zum Teil wieder geleert werden (z. B. Aufgeben alter Prozeduren). Nur so kann der Zyklus des Lernens lebendig bleiben, aktuelles Wissen integriert und damit Veränderungen berücksichtigt werden.

6.5.3 Organisationales Lernen und Strukturgestaltung

Was bedeuten die Überlegungen zum organisationalen Lernen für die organisatorische Gestaltung?

Zusammenhang zwischen organisationalem Lernen und organisatorischer Gestaltung

Aus den in den vorangegangenen Abschnitten beschriebenen Möglichkeiten der Förderung des organisationalen Lernens durch die Organisation identifizieren wir Anforderungen, wie eine idealtypische Ausgestaltung der organisatorischen Aktionsparameter aussehen sollte (vgl. Tab. 6.1). Auf dieser Grundlage sind anschließend konkrete Effizienzkriterien zur Analyse und Bewertung von Strukturalternativen herleitbar.

Die bisher geschilderten organisatorischen Maßnahmen und Instrumente zur Förderung des organisationalen Lernens kommen, bedingt durch die enge Verbindung dieses Konzeptes mit dem Individuum in der Unternehmung, primär auf Stufe der Detailstruktur zum Einsatz. Die Rahmenstruktur prägt aber die weitere organisatorische Gestaltung einer Unternehmung (und damit auch die Grundlagen für die Detailstrukturen). Daher können auch auf ihrer Stufe für das organisationale Lernen wichtige Vorleistungen erbracht werden.

Aufschlussreich ist ein Vergleich obiger Ausprägungen der Aktionsparameter zur Förderung organisationalen Lernens und von Eigenheiten der bereits erwähnten neuartigen, dezentralen Organisationslösungen (z. B „Collaborative Architecture“, „Agile Organisation“, „Teal Organisation“ etc.): Es zeigt sich, *dass diese Organisationsformen aufgrund ihrer Konfiguration das organisationale Lernen fördern* (vgl. Abschn. 6.7).

Tab. 6.1 Organisatorische Aktionsparameter und Förderung des organisationalen Lernens

Organisatorische Aktionsparameter (OA) (Zu den organisatorischen Aktionsparametern vgl. Abschn. 3.2)	Einzelaspekte der OA	Idealtypische Ausprägung der organisatorischen Aktionsparameter zur Förderung des organisationalen Lernens
Arbeitsteilung		Implementierung einer Arbeitsteilung, die Denken, Handeln und Planen integriert und ebenen-, bereichs- und funktionsübergreifende Interaktion, Zusammenarbeit und Kommunikation fördert. Tendenz zu kleineren, übersichtlichen, modularen Einheiten mit relativ geringer Spezialisierungsintensität (integrierte, ganzheitliche Aufgabeneinheiten). Zusammenfassung von Teilaufgaben in einer Hand mit dem Ziel der Förderung umfassender Problem- und Chancenwahrnehmung und -bearbeitung sowie der Vereinigung von Durchführung und Kontrolle.

(Fortsetzung)

Tab. 6.1 (Fortsetzung)

Organisatorische Aktionsparameter (OA) (Zu den organisatorischen Aktionsparametern vgl. Abschn. 3.2)	Einzelaspekte der OA	Idealtypische Ausprägung der organisatorischen Aktionsparameter zur Förderung des organisationalen Lernens
Koordination	Entscheidungsbefugnisse	Erhöhte Autonomie durch Entscheidungsdezentralisation an die operative Basis zur Wahrnehmung der dezentralisierten, integrierten Aufgaben, unter strikter Wahrung des Kongruenzprinzips. Schaffung von Variationsmöglichkeiten der Tätigkeiten und damit von Freiräumen für Experimente mit Verbesserungen und Neuem. Möglichkeiten zur Selbstorganisation und Kompetenzen zur Etablierung von Beziehungen jenseits des hierarchischen Aufbaus.
	Weisungsbefugnisse	Reduktion der Weisungen auf das unbedingt Nötige und Sinnvolle. Vermeidung von übermäßigen Mehrdeutigkeiten, da Unsicherheit die Bereitschaft, Neues zu testen, reduziert.
	Strukturelle Koordination	Implementierung leistungsfähiger struktureller Koordinationsinstrumente wie z. B. Koordinationsgremien (Koordination im Hinblick auf Produkte, Kunden, Regionen, Funktionen) oder einem bereichsübergreifenden Projektmanagement. Förderung formeller (z. B. Communities of Practice) oder informeller (ad hoc-, Pausen- und Freizeitbereich) Interaktions- und Diskussionsforen, die den Austausch und die Verbreitung unternehmungsbezogener Normen und Werte erleichtern.
	Technokratische Koordination	Gewährleistung offener (kopplungsfähiger), transparenter und zugänglicher Führungs-, Dokumentations- und Informationssysteme und -plattformen. Diese sind hinsichtlich Selbstkoordination sowie ad hoc und temporärer Lösungen möglichst flexibel. Sie ermöglichen eine Ortung und Bündelung von aufgaben-, funktions- und methodenspezifischem Wissen (z. B. Wissensnetzwerke oder -landkarten).
	Personelle Koordination	Förderung temporärer und wechselnder Zuteilungen der Mitarbeitenden durch ausgebaute Transfer-, Aus- und Weiterbildungsprogramme. Kontakt- und Verbindungspersonen, die als „Wissensknoten" in abteilungsübergreifenden Projekten und Aufgaben tätig sind (Wissensbroker).
Konfiguration		Flache, durchlässige Hierarchien zur Sicherung rascher und korrekter Informationsflüsse. Offenheit für Sekundärstrukturen und einfache Schnittstellen in das übergreifende Wertschöpfungssystem.

6.6 Innovationsfähigkeit

6.6.1 Innovationsfähigkeit als Grundlage der Wettbewerbsfähigkeit

Erheblicher Innovationsdruck
Die allgemeine Dynamisierung des Wandels und der generell stärkere Wettbewerb haben für viele Unternehmungen zu einem erheblichen Innovationsdruck geführt. Sie sehen sich je länger desto mehr mit schwierigen Marktbedingungen konfrontiert und sind gezwungen, nach innovativen Auswegen zu suchen. Dies gilt ganz besonders für Unternehmungen aus wirtschaftlich hoch entwickelten Nationen wie Deutschland, Österreich und der Schweiz. Für sie ist die Innovationsfähigkeit heute ein zentraler Erfolgsfaktor für den Erhalt ihrer Wettbewerbsfähigkeit (vgl. Macharzina und Wolf 2018, S. 735).

Aufgrund ihrer Bedeutung existieren viele Definitionsalternativen für Innovation.

▶ **Begriff – Innovation:** *Ohne weiter auf die begrifflichen Abgrenzungsversuche einzugehen, kennzeichnen wir Innovation durch eine objektbezogene, durch eine zeitliche und durch eine personelle Dimension (vgl. hierzu ausführlich Thom* 1980, *S. 23 ff. Im Überblick Thom* 1992, *S. 7 ff.; Thom* 2007, *S. 6 ff.):*

- *Objektbezogen werden die Merkmale betrieblicher Innovationsaufgaben (hoher Neuigkeits-, Komplexitäts-, Unsicherheits-/Risiko- und Konfliktgehaltsgrad) und die Innovationsarten (Produkt-, Verfahrens- und Sozialinnovation) unterschieden.*
- *Zeitlich wird der Innovationsprozess in Phasen (Ideengenerierung, -akzeptierung und -realisierung) eingeteilt.*
- *In der personellen Dimension unterscheiden wir zwischen Innovationsfähigkeit (z. B. Kreativität) und -bereitschaft (Motivation).*

6.6.2 Beitrag der Organisation zur Innovationsfähigkeit

Im Mittelpunkt der folgenden Betrachtungen stellen wir Ausprägungen der organisatorischen Aktionsparameter, welche die Innovationsfähigkeit von Unternehmungen generell fördern. Gesucht sind *organisatorische Regelungen, die eine innovative, organisatorische Grunddisposition unterstützen* (im Sinne der Förderung innovationsbewusster und innovationsförderlicher Organisationen, „[...] die das Zustandekommen von Innovation wahrscheinlicher machen". (Baitsch 1997, S. 59) bzw. die auf Innovationen geschmeidig reagieren (vgl. Witte 1988, S. 145). Dieses Bestreben basiert auf der Überzeugung, dass organisatorische und innovatorische Belange trotz eines „organisatorischen Dilemmas" (Spannungsverhältnis der organisatorischen Maßnahmen für Routine- und Innovationsprozesse) vereinbar sind.

Zusammenhang zwischen Organisation und Innovation
Warum?

- Einerseits aufgrund der Tatsache, dass *die einzelnen Aktivitäten in Innovationsprozessen in ihrer formalen (nicht aber inhaltlichen) Struktur wiederholbar sind.* Mit anderen Worten: Sie sind organisierbar. Dies ist der Fall, weil die Einzelaktivitäten meist immer wieder von denselben betrieblichen Einheiten durchgeführt werden. Gewisse organisatorische Regelungen können im Zusammenhang mit Innovation daher sehr wohl auf Dauer ausgelegt werden. De Vries spricht davon, dass sich Innovationen „[...] von vorangehenden Ereignissen unterscheiden, aber gleichzeitig anschlußfähig und wiederholbar sein [müssen]" (de Vries 1997, S. 49).
- Andererseits ist die Beschäftigung mit innovationsförderlichen Organisationsformen auch aufgrund der Verbindungen zwischen Struktur und Kultur nötig: Auf das *für die Innovationsfähigkeit sehr wichtige Aktionsfeld der Kultur wirken strukturelle Maßnahmen in mannigfaltiger Weise ein.*

Analysiert werden im Folgenden weder mögliche Auslöser organisatorischer Innovationen noch differierende Organisationsgrade in den unterschiedlichen Phasen des Innovationsprozesses (bzw. der Prozess einzelner Innovationen an sich).

Innovationsförderliche Rahmenstrukturen
Wir konzentrieren uns auf *organisatorische Möglichkeiten zur generellen Förderung der Innovationsfähigkeit.*

Folgende Ausprägungen der Organisationsform können auf Stufe „Rahmenstruktur" als förderlich für die Innovationsfähigkeit identifiziert werden (auf Stufe Detailstruktur können die idealtypischen Ausprägungen einzelner Aspekte je nach Phase im Innovationsprozess (Ideengenerierung, -akzeptierung und -realisierung) anders aussehen. Zum Folgenden vgl. Thom 1980, S. 255 ff.; Bitzer 1990, S. 158 f.; Maas 1990, S. 158; Hauschildt 1992, Sp. 1031 ff.; Thom 1992, S. 25; Vonlanthen 1992, S. 34 ff.; Knupfer 1993, S. 61 ff.; van de Ven 1993, S. 278; Schertler 1995, S. 43; Baitsch 1997, S. 71 f.; Rall 1997, S. 668 f.; Radel 1997, S. 112 ff.; Kieser und Walgenbach 2010, S. 393 ff.; Hauschildt et al. 2016, S. 108 ff.; Trott 2017, S. 135 ff.; Macharzina und Wolf 2018, S. 749 ff.):

Generalisierung

1. *Geringe Spezialisierung auf Stellen- und Abteilungsebene sowie umfassende (Teil-) Leistung:* Die organisatorischen Einheiten sind durch die Erbringung einer inhaltlich umfassenden (Teil-)Leistung in verstärktem Maße autonom. Die reduzierte Anzahl Schnittstellen vermindert die nötige Koordinationsleistung, um geänderte Anforderungen der Umwelt aufzufangen. In diesem Sinne ist Arbeitsteilung auch nicht als Arbeitstrennung zu verstehen. Komplexere Aufgaben fördern gleichzeitig den Anreiz zur innovativen Problemlösungssuche.

Empowerment

2. *Dezentralisierung von Entscheidungskompetenzen:* Die durch die geringe Spezialisierung geförderte hohe Problemlösungskompetenz der organisatorischen Einheiten er-

möglicht die Übertragung von Entscheidungskompetenzen. Durch eine solche Dezentralisierung entstehen kurze Wege und eine Erhöhung des Handlungsspielraumes. Dies ermöglicht es, Verbesserungen rascher umzusetzen und verhindert Verzögerungen in der Reaktion auf Umweltveränderungen. Die ganzheitliche Ausgestaltung der Aufgaben unterstützt zudem das unternehmerische Verhalten der Stelleninhaber. Bei Problemlösungen bestehen mehr Anreize, die ganze Fachkompetenz einzubringen. Der Organisationsgrad ist bewusst dosiert, die Kompetenzordnung muss insbesondere auch Improvisationsspielraum schaffen: Neue Ideen können eigenverantwortlich jenseits des Tagesgeschäfts und dessen Regelungen verfolgt bzw. wie beispielsweise bei Lean Management rasch in das Tagesgeschäft eingebracht werden.

Wenig Hierarchie

3. *Flache und flexible Hierarchien:* Sie sind eine Folge der beiden ersten Punkte. Autonome organisatorische Einheiten setzen stark auf Mechanismen der Selbstorganisation. Sie erfordern weniger Koordination durch vorgesetzte Instanzen und erlauben so höhere Leitungsspannen. Gleichzeitig verringern sich die Kommunikationsdistanzen. Die Flexibilität für Ent- und Neukopplungen zwischen den Organisationseinheiten steigt.

Wenige Stäbe

4. *Minimierung zentraler Organisationseinheiten (Corporate Commons bzw. Stäbe):* Dies ist ebenfalls eine Folge der beiden ersten Punkte: Handlungsfähige dezentrale organisatorische Einheiten vermindern den Bedarf der Unternehmungsleitung an Entscheidungskompetenzen und -kapazitäten. Üblicherweise werden diese dem Management zum Teil durch Stäbe zur Verfügung gestellt. Detaillierte Konzepte und Pläne der Stäbe beschränken die Handlungsfreiheit dezentraler Einheiten.

Einfachheit

5. *Überschaubare Strukturformen:* Mit sich überlagernden Strukturen, die zentrale, fachlich begrenzte Weisungsbefugnisse von Stäben bzw. Zentralstellen ermöglichen, ist sparsam umzugehen. Eine Verminderung der Stäbe reduziert die Notwendigkeit, deren Einfluss durch Formen der Kompetenzaufteilung zu sichern. Wir weisen allerdings darauf hin, dass die erzwungene Kommunikation, Kooperation und Teamarbeit sowie die direkten Kommunikationswege in der echten und offen ausgewiesenen Matrix im Zusammenhang mit der Innovationsfähigkeit überzeugende Argumente für diese Organisationsform sein können. Wichtig ist daher vor allem die Eindeutigkeit der disziplinarischen Zuordnung: Durch mögliche zusätzliche Innovationsstrukturen, welche die Primärorganisation überlagern, kann eine zusätzliche Komplexitätsstufe generiert werden (vgl. weiter unten die Nr. 7).

Koordinationsinstrumente

6. *Verstärkter Einsatz von Selbstorganisation zur Koordination innovativer Aktivitäten:* Bei größeren Innovationsvorhaben besteht die Notwendigkeit der Koordination

der unterschiedlichen Abteilungen, mit voneinander abweichenden Funktionen, Zielen, Umwelten und Denkweisen. Die einzusetzenden Koordinationsinstrumente sind: a) Programmierung für Auswahlprobleme bei stabilen, routinemäßigen Umweltproblemen, b) Planung zur Komplexitätsreduktion bei zunehmender Umweltdynamik (dadurch ergibt sich allerdings eine höhere Formalisierung und Programmierung) und c) bei hoher Umweltdynamik zusätzlich stärkere Bedeutung ständiger, abteilungsübergreifender Gruppen zur Lösung kleinerer innovationsbezogener Probleme.

Begriff – Auswirkung von Standardisierung und Formalisierung: *Hinsichtlich einer Innovationsorientierung der Organisation kann eine generell hohe Standardisierung und Formalisierung kritisch werden (der Zusammenhang muss allerdings nicht unbedingt negativ sein), da je nach Phase im Innovationsprozess unterschiedliche Ausprägungen förderlich sind (z. B. geringe Standardisierung und Formalisierung in der Ideengenerierung). (Vgl. Thom* 1980, *S. 267 und Trott* 2017, *S. 136).*

Temporäre Überlagerung der Primärstruktur

7. *Ergänzung der Primärstruktur durch flexible Sekundärstrukturen und temporäre Ergänzungsstrukturen:* Die Innovationsfähigkeit lässt sich mit einer Überlagerung der Primär- durch flexiblere Sekundärstrukturen (besonders Netzwerke) fördern. Zur Realisierung größerer innovativer Vorhaben empfiehlt sich weiter die Etablierung temporärer Ergänzungsstrukturen: Die an Innovationsprozessen Beteiligten sind frühzeitig aus den auf die Erfüllung des Tagesgeschäfts ausgelegten organisatorischen Einheiten herauszulösen (Abbau von Widerständen). Die Betroffenen werden in temporären, an das innovative Problem angepasste Gruppen zusammengebracht (Förderung einer möglichst produktiven Zusammenarbeit). Weil eine weitgehende fachliche Spezialisierung in den Unternehmungen heute nur punktuell vermieden werden kann, ist die Etablierung von Netzwerken und multifunktionalen Teams außerhalb der normalen Strukturen (als flexible Kooperationsform von Spezialisten) oft zwingende Voraussetzung: Nur so sind komplexe, einzelne Organisationseinheiten übergreifende Innovationsaufgaben erfass- und bewältigbar.

Gatekeeper

8. *Offene, flexible Kommunikationsstrukturen:* Ein sehr wichtiger Aspekt einer innovationsfördernden Organisationsform besteht nicht nur in der Gestaltung flexibler Kooperationsformen. Hilfreich ist zudem die Unterstützung einer flexiblen, möglichst in alle Richtungen offene und intensive Kommunikation durch formelle und vor allem auch informelle Informationskanäle, -systeme und -netzwerke. Zur Förderung von Informations- und Kommunikationsflüssen in der Unternehmung werden beispielsweise Kontakt- und Verbindungspersonen („Gatekeeper“) eingesetzt. Auffallend ist die Analogie zu den im Rahmen des organisationalen Lernens erwähnten „Wissensbrokern“. Es darf

davon ausgegangen werden, dass es sich bei beiden um eine Bezeichnung für dieselben Aufgabenkomplexe in anderem Kontext handelt.

Obige Ansatzpunkte illustrieren, *dass in den organisatorischen Regeln großes Potenzial steckt, die generelle Innovationsfähigkeit zu fördern*. Aber auch wenn die Organisation ein bedeutender Stellhebel ist: Sie ist nur ein Aktionsparameter unter anderen, um wirkliche Innovationsfähigkeit zu erreichen (vgl. Thom 1983, S. 4; Kieser 1990, S. 157; Osterloh 1993, S. 214; Hauschildt et al. 2016). Optimale Organisationsformen allein reichen für die Initiierung von Innovationsprozessen deshalb nicht aus. Abstimmung mit anderen Instrumenten sowie die Berücksichtigung situativer Bedingungen sind notwendige Voraussetzungen zur Entfaltung des innovativen Potenzials der Organisation.

6.6.3 Innovationsfähigkeit und Strukturgestaltung

Die Anforderungen an die Organisation, die sich aus einer beabsichtigten Förderung der Innovationsfähigkeit als Organisationsziel ergeben, werden nun wie für das organisationale Lernen in Abschn. 6.5.3 mit Hilfe der organisatorischen Aktionsparameter strukturiert. Damit schaffen wir die Grundlage, auf der später Organisationsformen hinsichtlich ihres Effizienzbeitrages zur Innovationsfähigkeit beurteilt werden (vgl. Tab. 6.2).

Viele der geforderten organisatorischen Maßnahmen zur Steigerung der Innovationsfähigkeit *wirken durch entsprechende Vorkehrungen auf der Stufe der Detailorganisation bzw. im konkreten Prozess einzelner Innovationen weiter*. Diese Vorkehrungen sind unbe-

Tab. 6.2 Organisatorische Aktionsparameter und Förderung der Innovationsfähigkeit

Org. Aktionsparameter (OA)	Einzelaspekte der OA	Idealtypische Ausprägung der organisatorischen Aktionsparameter zur Förderung der Innovationsfähigkeit
Arbeitsteilung		Anzustreben sind Formen der Arbeitsteilung, welche die Autonomie der organisatorischen Einheiten fördern und Schnittstellen minimieren. Die Spezialisierungsintensität ist möglichst tief zu halten: Wenig ausgeprägte Arbeitsteilung durch die Schaffung autonomer Aufgabeneinheiten mit umfassenden, ganzheitlichen Aufgaben und dadurch umfangreicher lokaler Problemlösungskapazität. Ziel sind Formen der Arbeitsteilung, welche die Autonomie der organisatorischen Einheiten fördern und Schnittstellen minimieren.

(Fortsetzung)

Tab. 6.2 (Fortsetzung)

Org. Aktionsparameter (OA)	Einzelaspekte der OA	Idealtypische Ausprägung der organisatorischen Aktionsparameter zur Förderung der Innovationsfähigkeit
Koordination	Entscheidungsbefugnisse	Kompetenzen und Verantwortung sind zur Wahrnehmung der dezentralisierten, integrierten Aufgaben in hohem Umfang zu delegieren. Bestrebungen zur Selbstorganisation sind zu fördern. Entwicklung innovativer Ideen jenseits der Regelungen des Tagesgeschäfts sowie das rasche Einbringen von Verbesserungen in die operativen Prozesse sind zu ermöglichen.
	Weisungsbefugnisse	Fachliche Weisungsbefugnisse zentraler Stäbe sind abzubauen. Die Klarheit der disziplinarischen Zuordnung bei Mehrliniensystemen und Sekundärstrukturen ist zu fördern.
	Strukturelle Koordination	Implementierung generell kommunikations- und interaktionsfördernder Strukturelemente (intern und extern). Darunter fallen leistungsfähige Koordinationsinstrumente wie z. B. Koordinationsgremien (bereichsübergreifende Koordination von Innovationsaufgaben), ein bereichsübergreifendes Projektmanagement oder regelmäßig stattfindende Innovationskonferenzen. Etablierung multifunktionaler, zeitlich begrenzter Teams (Ergänzungsstrukturen) für spezifische Innovationsaufgaben („Task Forces").
	Technokratische Koordination	Die Formalisierung und Standardisierung im Sinne einer Entlastung von Routineaufgaben sind zu gewährleisten. Gleichzeitig ist aber genügend Flexibilität für Selbstkoordination sowie ad hoc- und temporäre Lösungen zu ermöglichen (moderater Organisationsgrad).
	Personelle Koordination	Möglichkeiten für temporäre, durchmischte und wechselnde Zuteilungen von Mitarbeitern sind zu pflegen. Einsatz von Kontakt- und Verbindungspersonen zur Förderung von Information und Kommunikation („Gatekeeper").
Konfiguration		Flache, flexible und kopplungsfähige Hierarchien mit geringeren Kommunikationsdistanzen und offenen Informationsstrukturen. Offenheit für Sekundärstrukturen und Ambidextrie.

dingt nötig, denn die Rahmenstrukturen bilden keinen ausreichenden Stellhebel in der Hand des Innovationsmanagements, wenn für die einzelnen Phasen betrieblicher Innovationsprozesse günstige Bedingungen geschaffen werden sollen.

Schaffung grundsätzlicher Voraussetzungen für Innovation
Wir berücksichtigen die Innovationsfähigkeit hier *im Sinne der Förderung innovationsbewusster und -förderlicher Rahmenstrukturen* bei der Konstruktion des Effizienzkonzeptes. Bereits einfache Plausibilitätsüberlegungen zeigen, dass sich z. B. eine zentralisierte, funktional organisierte Unternehmung aufgrund der Ausprägungen ihrer organisatorischen Aktionsparameter kaum zur Etablierung innovationsfördernder externer oder interner Netzwerke eignen wird.

Eine auf den konkreten Innovationsprozess beschränkte Analyse organisatorischer Gestaltungsmöglichkeiten greift daher zu kurz: Sie übersieht die notwendigen organisatorischen Voraussetzungen, die von der Rahmenstruktur erfüllt sein müssen, um die einzelnen Innovationsphasen durch passende, detailstrukturbezogene organisatorische Lösungen zu bewältigen.

6.7 Einordnung neuartiger, dezentraler Organisationsansätze

Ein Vergleich der oben aufgeführten idealtypischen Ausprägung der organisatorischen Aktionsparameter zur Förderung des organisationalen Lernens (vgl. Abschn. 6.5.3) und der idealtypischen Ausprägung der organisatorischen Aktionsparameter zur Förderung der Innovationsfähigkeit (vgl. Abschn. 6.6.3) *zeigen nicht unerwartet Übereinstimmungen mit zentralen Eigenschaften von neuartigen, dezentralen Organisationslösungen* (z. B. Konzepte wie „Collaborative Architecture", „Agile Organisation", „Teal Organization", „Exponential Organization" und „Holocracy", vgl. Wenger und Thom 2018, S. 103 f. und die dort genannten Quellen).

Gemeinsamkeiten neuartiger, dezentraler Organisationslösungen
Deren Gemeinsamkeiten aus organisatorischer Perspektive sind:

- Die stark ausgeprägte *Delegation von Kompetenzen* mit deutlich mehr Freiheit für mehr Personen an der operativen Basis.
- Die Schaffung *kleinerer, übersichtlicherer Einheiten* im Sinne autonomer Teams.
- Der *Kunde* beim Modell-Design kompromisslos *im Zentrum der Wertschöpfung*.
- Die Wesentlichkeit *selbstorganisierter und dynamischer Anpassungen* an Veränderungen (in Echtzeit, vielfach explorativ, als Lernprozesse).
- Die Gewährleistung einer *hohen Transparenz* im Sinne dichter, ständig und kreislaufartig fließender Information, Kommunikation und Feedbacks.
- Die *Unterstützung durch leistungsfähige Systeme*, im Sinne der Ausnutzung technologischer Möglichkeiten und Potenziale („Digitalisierung").

- Die *Festlegung eindeutiger, klarer Regeln* des zugrunde liegenden organisatorischen „Betriebssystems", die eingehalten werden müssen, um Chaos zu verhindern.
- Die *Wesentlichkeit von Vertrauen*, sozusagen als „Brennstoff" für das Funktionieren der Organisationsmodelle.
- Schließlich essenziell: Der *gemeinsame Sinn und Zweck sowie die zu erreichenden Ziele („Purpose")*, um das Unternehmen bzw. die Institution auszurichten.

Die in diesen Ansätzen feststellbare generelle Verlagerung hin zu deutlich mehr Dezentralität und Selbstorganisation ist eine Antwort, um auf die heute als wesentlich beurteilten *betrieblichen und menschlichen Herausforderungen rasch und wirksam zu reagie-ren.*

Bei diesen wesentlichen betrieblichen Herausforderungen handelt es sich einerseits um die bereits besprochenen Umweltturbulenzen und deren Folgen für den strategischen Entwicklungsrahmen von Unternehmungen (vgl. Abschn. 4.2). Es handelt sich andererseits aber auch um die Bewältigung der hybriden Organisationsrealität, mit denen sich Unternehmungen und Institutionen aufgrund ebendieser Umweltturbulenzen heute konfrontiert sehen (vgl. Wenger und Thom 2018, S. 101).

Hybride Organisationsrealität

Die *hybride Organisationsrealität* ist dadurch gekennzeichnet, dass monolithische Strukturen aus einem Guss bereits bei mittelgroßen KMU ineffektiv und ineffizient sind. Lösungen, die im Zeitalter der massenmarkt-orientierten Industrie durch direktive Steuerung und Standardisierung die Realisierung enormer Produktivitätssteigerung ermöglichten, haben für sich alleine ausgedient (vgl. Pfläging und Hermann 2016, S. 18 f.). Sich multiplizierenden Kundenbedürfnisse und -anforderungen, eine sich ständig ausdifferenzierenden, interdependenten Arbeitsteilung und Spezialisierung in der Kundenwertschöpfung (globale Wertschöpfungsketten und Wertschöpfungsnetzwerke mit fluiden Grenzen), vielgestaltige Beziehungen zu Partnern und Konkurrenten (z. B. als Coopetition), Druck der Mitarbeitenden und sich technologisch hochrüstende, skaleneffiziente „Backbone"-Prozesse führen zu mannigfaltigen, oft konträren Anforderungen an die Organisation. Diese gilt es mit leistungsfähigen Organisationsmodellen aufzufangen, die den unterschiedlichen Ansprüchen und der herrschenden Dynamik gerecht werden.

Krise klassischer organisatorischer Koordinationsmechanismen

Für die Ausgestaltung der Organisation einer Unternehmung bedeutet dies, dass wesentliche Steuerungsmechanismen unter Druck stehen. Insbesondere ist die traditionelle Interpretation der organisatorischen Koordinationsmechanismen (zu den Koordinationsinstrumenten vgl. Abschn. 3.2) kritisch zu reflektieren (vgl. Wenger und Thom 2018, S. 104):

- *Entscheidungs- und Weisungsbefugnisse* fußen im Hierarchiegedanken und bauen darauf, dass sie auf der Basis von Macht durchgesetzt werden können.
- *Strukturelle Koordinationsinstrumente* zentralisieren Wissen (weg vom Geschehen) und etablieren durch stabsähnliche Einheiten funktionale Macht ohne Verantwortung.

- *Technokratische Koordinationsinstrumente* wiederum sind aufwändig im Unterhalt, oft unflexibel für zukünftige Änderungen und zementieren in der Regel die bestehenden Strukturen.

Diese Probleme der organisatorischen Koordinationsmechanismen versuchen die erwähnten neuartigen Organisationsansätze durch Eigenschaften wie große dezentrale Autonomie und Mechanismen der Selbstorganisation zu umgehen. Sie gründen dabei auf Erkenntnissen, die bereits frühere Konzepte wie Organisationales Lernen oder Lean Management propagiert hatten (zu den Wurzeln agiler Organisationen vgl. Scheller 2017, S. 44 ff.). Diese Konzepte interpretieren sie im heutigen, stark technologiegetriebenen Kontext neu und bringen ihre Grundsätze, Methoden und Techniken in anderer Form zur Anwendung. Dies wohlgemerkt, ohne damit notwendigerweise alter Wein in neuen Schläuchen zu sein. Aber gleichzeitig auch ohne für alle Situationen unbedingt eine gültige Lösung darzustellen.

Konsequenz der obigen Überlegungen ist, dass (nicht überraschend) die idealtypische Ausprägung der organisatorischen Aktionsparameter zur Förderung des organisationalen Lernens und der Innovationsfähigkeit mit zentralen Eigenschaften solch neuartiger, dezentraler Organisationslösungen übereinstimmen.

Weiterführende Literatur

Interessierten Lesenden empfehlen wir zur Vertiefung der in Kap. 6 behandelten Themenbereiche folgende Artikel und Werke:

Organisationales Lernen

Kühl, Stefan (2015). Das Regenmacher-Phänomen. Widersprüche im Konzept der lernenden Organisation, 2. Aufl. Frankfurt/New York: Campus.

Senge, Peter M. (2017). Die fünfte Disziplin. Kunst und Praxis der lernenden Organisation, 11. Aufl. Stuttgart: Schäffer-Poeschel.

Wissensmanagement

Lehner, Franz (2014). Wissensmanagement. Grundlagen, Methoden und technische Unterstützung, 5. Aufl. München: Carl Hanser.

Innovationsfähigkeit

Hauschildt, Jürgen; Salomo, Sören; Schultz, Carsten; Kock, Alexander (2016). Innovationsmanagement, 6. Aufl. München: Vahlen.

Vahs, Dietmar; Brem, Alexander (2015). Innovationsmanagement. Von der Idee zur erfolgreichen Vermarktung, 5. Aufl. Stuttgart: Schäffer-Poeschel.

Neuartige, dezentrale Organisationsformen

Scheller, Torsten (2017). Auf dem Weg zur agilen Organisation. Wie Sie Ihr Unternehmen dynamischer, flexibler und leistungsfähiger gestalten. München: Vahlen.

Literatur

Argyris, Chris, und Donald A. Schön. 2018. *Die Lernende Organisation. Grundlagen, Methoden, Praxis, Sonderausgabe*. Stuttgart: Schäffer-Poeschel.

Bach, Norbert, Carsten Brehm, Wolfgang Buchholz, und Thorsten Petry. 2017. *Organisation. Gestaltung wertschöpfungsorientierter Architekturen, Prozesse und Strukturen*, 2. Aufl. Wiesbaden: Springer Gabler.

Baitsch, Christof. 1997. Innovation und Kompetenz – Zur Verknüpfung zweier Chimären. In *Organisation von Innovation. Strukturen, Prozesse, Interventionen*, Hrsg. Frank Heideloff und Tobias Radel, 59–74. München/Mering: Hampp.

Bitzer, Bernd. 1990. *Innovationshemmnisse im Unternehmen*. Wiesbaden: Springer.

Büchel, Bettina, und Gilbert Probst. 2018. Organisationales Lernen. Theoretische Entwicklungen und praktische Umsetzungen. In *ManagementWissen. Was Leader erfolgreich macht*, Hrsg. Markus Sulzberger und Robert J. Zaugg, 307–316. Wiesbaden: Springer Gabler.

Cantin, Françoise, und Norbert Thom. 1995. *Organisationsarbeit in der Schweiz*, 2. Aufl. Glattbrugg: SGO.

Cyert, Richard M., und James G. March. 1963. *A behavioral theory of the firm*. Englewood Cliffs: Wiley-Blackwell.

Drucker, Peter F. 1993. *Managing for the future. The 1990s and beyond*. New York: Plume.

Frese, Erich, Matthias Graumann, und Ludwig Theuvsen. 2012. *Grundlagen der Organisation. Entscheidungsorientiertes Konzept der Organisationsgestaltung*, 10. Aufl. Wiesbaden: Springer Gabler.

Gorecki, Pawel, und Peter Pautsch. 2018. *Praxishandbuch Lean Management. Der Weg zur operativen Excellence*, 3. Aufl. München: Hanser.

Grochla, Erwin. 1982/1995. *Grundlagen der organisatorischen Gestaltung*. Stuttgart: Schäffer-Poeschel. (unveränderter Nachdruck 1995).

Grochla, Erwin, und Norbert Thom. 1980. Organisationsformen, Auswahl von. In *Handwörterbuch der Organisation*, Hrsg. Erwin Grochla, 2. Aufl., Sp. 1494–1517. Stuttgart: Schäffer-Poeschel.

Güldenberg, Stefan, und Rolf Eschenbach. 1996. Organisatorisches Wissen und Lernen – erste Ergebnisse einer qualitativ empirischen Erhebung. *Zeitschrift Führung + Organisation* 65(1): 4–9.

Handy, Charles. 1990. *The age of unreason*. Boston: Random House UK.

Harasymowicz-Birnbach, Joanna. 2008. *Effektivitäts- und effizienzorientierte Diagnose des Wissensmanagements. Konzeptionelle Grundlagen – empirische Studien – ausgewählte Gestaltungsempfehlungen*. Bern/Stuttgart/Wien: Haupt.

Hauschildt, Jürgen. 1992. Innovationsmanagement. In *Handwörterbuch der Organisation*, Hrsg. Erich Frese, 3. Aufl., Sp. 1029–1041. Schäffer-Poeschel: Stuttgart.

Hauschildt, Jürgen, Sören Salomo, Carsten Schultz, und Alexander Kock. 2016. *Innovationsmanagement*, 6. Aufl. München: Vahlen.

Hill, Wilhelm. 1980. Organisationsziele. In *Handwörterbuch der Organisation*, Hrsg. Erwin Grochla, 2. Aufl., Sp. 1814–1825. Stuttgart: Schäffer-Poeschel.

James, Constance R. 2003. Designing Learning Organizations. *Organizational Dynamics* 32(1): 46–61.

Kieser, Alfred. 1990. Organisationsstruktur, Unternehmenskultur und Innovation. In *Zukunftsperspektiven der Organisation. Festschrift zum 65. Geburtstag von Professor Dr. Robert Staerkle*, Hrsg. Knut Bleicher und Peter Gomez, 157–178. Bern: Stämpfli.

Kieser, Alfred, und Peter Walgenbach. 2010. *Organisation*, 6. Aufl. Stuttgart: Schäffer-Poeschel.

Knupfer, Stefan. 1993. *Organisation und Prozessinnovation*. Frankfurt a. M.: Lang, Peter GmbH.

Koerdt, Hans. 1980. Das Problem einer Bewertung militärischer Organisationen. In *Betriebswirtschaftslehre und Streitkräfte*, Hrsg. Johannes Gerber und Oswald Hahn, 167–183. Regensburg: Berliner Wissenschaftsverlag.

Krogh, Georg von, und Markus Venzin. 1995. Anhaltende Wettbewerbsvorteile durch Wissensmanagement. *Die Unternehmung* 49(6): 417–436.

Krüger, Wilfried. 2014. Das 3W-Modell: Bezugsrahmen für das Wandlungsmanagement. In *Excellence in Change. Wege zur strategischen Erneuerung*, Hrsg. Wilfried Krüger und Norbert Bach, 2. Aufl., 1–32. Wiesbaden: Springer Gabler.

Lehner, Franz. 2014. *Wissensmanagement. Grundlagen, Methoden und technische Unterstützung*, 5. Aufl. München: Carl Hanser.

Maas, Christoph. 1990. *Determinanten betrieblichen Innovationsverhaltens. Theorie und Empirie*. Berlin: Duncker & Humblot.

Macharzina, Klaus, und Joachim Wolf. 2018. *Unternehmensführung. Das internationale Managementwissen. Konzepte – Methoden – Praxis*, 10. Aufl. Wiesbaden: Springer Gabler.

Müller-Stewens, Günter, und Gunnar Pautzke. 1996. Führungskräfteentwicklung und organisatorisches Lernen. In *Die lernende Organisation. Konzepte für eine neue Qualität der Unternehmensentwicklung*, Hrsg. Thomas Sattelberger, 3. Aufl., 183–205. Wiesbaden: Springer Gabler.

Osterloh, Margit. 1993. Innovation und Routine. Das organisatorische Dilemma in klassischer und neuer Sicht. *Zeitschrift Führung + Organisation* 62(4): 214–220.

Pfläging, Niels, und Silke Hermann. 2016. *Komplexithoden. Clevere Wege zur (Wieder)Belebung von Unternehmen und Arbeit in Komplexität*, 3. Aufl. Redline: München.

Preissler, Harald, Heiko Roehl, und Patricia Seemann. 1997. Haken, Helm und Seil: Erfahrungen mit Instrumenten des Wissensmanagements. *Organisationsentwicklung* 16(2): 4–16.

Probst, Gilbert J. B., und Bettina S. T. Büchel. 1994. *Organisationales Lernen. Wettbewerbsvorteil der Zukunft*, 2. Aufl. Wiesbaden: Springer Gabler.

Probst, Gilbert J. B., und Steffen Raub. 1996. Wissensmanagement in der Praxis. *io Management Zeitschrift* 65(10): 33–36.

Probst, Gilbert, Steffen Raub, und Kai Romhardt. 1998. *Wissen managen. Wie Unternehmen ihre wertvollste Ressource optimal nutzen*, 2. Aufl. Frankfurt a. M./Wiesbaden: Springer Gabler. (3. Aufl. 1999).

Radel, Tobias. 1997. Die Formierung horizontaler Netzwerke: Ein Rahmen für Innovationsprozesse? In *Organisation von Innovation. Strukturen, Prozesse, Interventionen*, Hrsg. Frank Heideloff und Tobias Radel, 105–126. München/Mering: Hampp, Reiner.

Rall, Wilhelm. 1997. Der Netzwerkansatz als Alternative zum zentralen und hierarchisch gestützten Management der Mutter- Tochter-Beziehung. In *Handbuch Internationales Management. Grundlagen – Instrumente – Perspektiven*, Hrsg. Klaus Macharzina und Michael-J Oesterle, 663–679. Wiesbaden: Gabler.

Romhardt, Kai. 1997. Interne und externe Wissenstransparenz als Ausgangspunkt für organisatorische Innovation. In *Organisation von Innovation. Strukturen, Prozesse, Interventionen*, Hrsg. Frank Heideloff und Tobias Radel, 75–103. München/Mering: Hampp, Reiner.

Sauter, Werner, und Christiana Scholz. 2015. *Kompetenzorientiertes Wissensmanagement. Gesteigerte Performance mit dem Erfahrungswissen aller Mitarbeiter*. Springer Gabler: Wiesbaden.

Scheller, Torsten. 2017. *Auf dem Weg zur agilen Organisation. Wie Sie Ihr Unternehmen dynamischer, flexibler und leistungsfähiger gestalten*. München: Vahlen.

Schertler, Walter. 1995. *Unternehmensorganisation: Lehrbuch der Organisation und strategischen Unternehmensführung*, 6. Aufl. de Gruyter: München/Wien.

Senge, Peter, und Claus Otto Scharmer. 1996. Infrastrukturen des Lernens: Über den Aufbau eines Konsortiums lernender Unternehmen am MIT. *Zeitschrift Führung + Organisation* 65(1): 32–36.

Staehle, Wolfgang H. 1991. Redundanz, Slack und lose Kopplung in Organisationen: Eine Verschwendung von Ressourcen? In *Managementforschung 1*, Hrsg. Wolfgang H. Staehle und Jörg Sydow, 313–345. Berlin/New York: Springer Gabler.

Stary, Christian, Monika Maroscher, und Edith Stary. 2012. *Wissensmanagement in der Praxis: – Methoden – Werkzeuge – Beispiele.* München: Carl Hanser.

Steinmann, Horst, Georg Schreyögg, und Jochen Koch. 2013. *Management. Grundlagen der Unternehmensführung. Konzepte – Funktionen – Fallstudien*, 6. Aufl. Wiesbaden: Springer Gabler.

Thom, Norbert. 1980. *Grundlagen des betrieblichen Innovationsmanagements*, 2. Aufl. Hanstein: Königstein/Ts.

Thom, Norbert. 1980a. Diskussionsbeiträge zu „Das Problem einer Bewertung militärischer Organisationen". In *Betriebswirtschaftslehre und Streitkräfte*, Hrsg. Johannes Gerber und Oswald Hahn, 189–193. Regensburg: Berlin.

Thom, Norbert. 1983. Innovations-Management. Herausforderung für den Organisator. *Zeitschrift Führung + Organisation* 52(1): 4–11.

Thom, Norbert. 1988. Organisationsmanagement. Bewertung und Auswahl einer effizienten Organisationsform für Unternehmungen. In *Funktionale Managementlehre*, Hrsg. Michael Hofmann und Lutz von Rosenstiel, 322–352. Berlin/Heidelberg/New York: Springer.

Thom, Norbert. 1992. Innovationsmanagement. In *Schriftenreihe „Die Orientierung", Nr. 100.* Schweizerische Volksbank: Bern.

Thom, Norbert. 1993. Effiziente Organisationsstrukturen. Generelle Erkenntnisse und Schlussfolgerungen für das Projekt OFS. In *Eine Schweizer Post mit Zukunft. Die Organisation der Führungsstrukturen der Schweizer Post im Detail (Detail-Konzept OFS-P)*, Hrsg. Generaldirektion PTT, Postdepartement, 11–20. Bern: Generaldirektion PTT.

Thom, Norbert. 2007. *Erfolgreiches Innovationsmanagement in kleinen und mittleren Unternehmen. Grundkonzepte, praktische Instrumente und Wege zum Erfolg*, 2. Aufl. Bern: Berner Kantonalbank.

Trott, Paul. 2017. *Innovation Management and New Product Development*, 6. Aufl. Harlow: Pearson.

Vahs, Dietmar. 2019. *Organisation. Ein Lehr- und Managementbuch*, 10. Aufl. Stuttgart: Schäffer-Poeschel.

van de Ven, Andrew H. 1993. Managing the process of organizational innovation. In *Organizational change and redesign. Ideas and insights for improving performance*, Hrsg. George P. Huber und William H. Glick, 269–294. Oxford: Oxford University Press USA.

Vonlanthen, Jean-Marc. 1992. *Innovationsförderliche organisatorische Regelungen und Strukturen. Probleme und mögliche Gestaltungsempfehlungen. Arbeitsbericht Nr. 4 des Instituts für Organisation und Personal der Universität Bern.* Bern: Institut für Organisation und Personal der Universität Bern.

Vries, Michael de. 1997. Die Paradoxie der Innovation. In *Organisation von Innovation. Strukturen, Prozesse, Interventionen*, Hrsg. Frank Heideloff und Tobias Radel, 45–58. Hampp Rainer: München/Mering.

Welge, Martin K. 1987. *Unternehmungsführung. Bd. 2: Organisation, unter Mitwirkung von Herbert Kubicek.* Stuttgart: Schäffer-Poeschel.

Wenger, Andreas P. 1999. *Organisation Multinationaler Konzerne. Grundlagen, Konzeption und Evaluation.* Bern/Stuttgart/Wien: Haupt.

Wenger, Andreas P., und Norbert Thom. 2018. Auf der Suche nach der optimalen Organisationsform. Konzept, Aktualität und Ausblick. In *ManagementWissen. Was Leader erfolgreich macht*, Hrsg. Markus Sulzberger und Robert J. Zaugg, 95–107. Wiesbaden: Springer Gabler.

Witte, Eberhard. 1988. Innovationsfähige Organisation. In *Innovative Entscheidungsprozesse. Die Ergebnisse des Projektes „Columbus"*, Hrsg. Eberhard Witte, Jürgen Hauschildt und Oskar Grün, 144–161. Tübingen: J.C.B. Mohr Tübingen.

Verdichtung zu einem Effizienzkonzept

7

Zusammenfassung

Das siebte Kapitel verdichtet die bisherigen Ergebnisse zu einem Effizienzkonzept zur Bewertung und Auswahl von Organisationsformen. Die einzelnen Effizienzkriterien und deren Unterkriterien werden detailliert erläutert. Wir zeigen, welche Einflussgrößen auf die Erfüllbarkeit der Effizienzkriterien wirken und welche Interdependenzen zwischen ihnen bestehen.

Charakterisierung des Kapitels: Vertiefende Erläuterungen
Positionierung auf der Themenlandkarte:

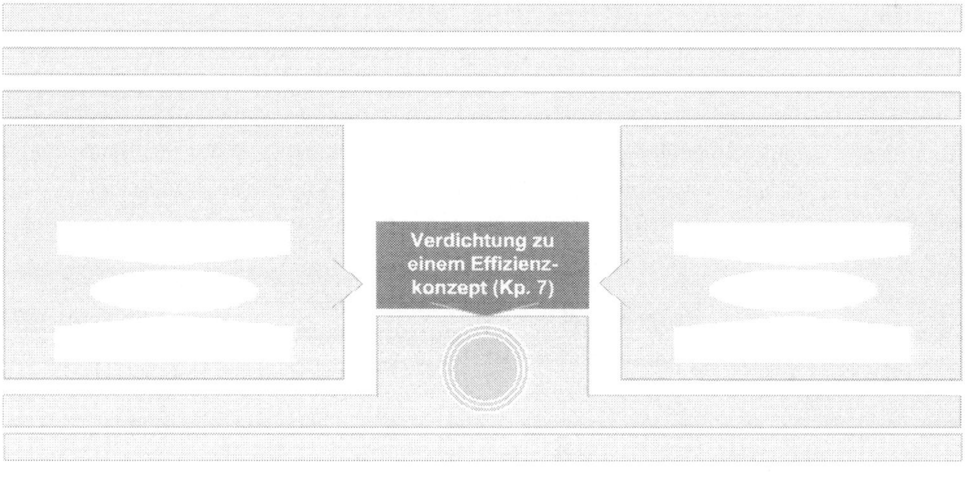

A. P. Wenger, N. Thom, *Die optimale Organisationsform*, uniscope. Publikationen der SGO Stiftung, https://doi.org/10.1007/978-3-658-32716-3_7

7.1 Vorbemerkungen

Abschn. 6.4 beschreibt klassische Anforderungen an leistungswirksame Organisationsformen. In Abschn. 6.5.3 und 6.6.3 haben wir zudem die Anforderungen an die Organisationsstruktur zusammengefasst, die sich aus einer beabsichtigten Förderung des organisationalen Lernens und der Innovationsfähigkeit (Aufnahme in die Formalzielsetzung einer Unternehmung) ergeben. Die organisatorischen Gemeinsamkeiten neuartiger, dezentraler Organisationsansätze sind in Abschn. 6.7 ausgeführt. Die diversen Anforderungen werden nachfolgend bei der Definition der Effizienzkriterien berücksichtigt.

Flexibilität der Strukturen fördert organisationales Lernen UND Innovationsfähigkeit
Bei einem Vergleich der tabellarischen Darstellungen fällt auf, dass die Förderung des organisationalen Lernens und die Stärkung der Innovationsfähigkeit *ähnliche organisatorische Maßnahmen erfordern*. Klar ersichtlich ist bei beiden Themenkreisen insbesondere die Tendenz zu Maßnahmen, die generell auf eine größere Beweglichkeit von Organisationsformen zielen.

Aufgrund dieser engen Verbindung beider Konzepte entsteht die Gefahr von Mehrfachbewertungen (vgl. detaillierter Abschn. 7.4). Eine strikt getrennte Integration mittels zweier klar voneinander abgegrenzter, eigenständiger Kriterien in das zu erstellende Effizienzkonzept ist deshalb kaum möglich. Dasselbe gilt für die Integration von Überlegungen zu neuartigen, dezentralen Organisationsansätzen: Wie wir in Abschn. 6.7 festgestellt haben, stimmen zentrale Eigenschaften dieser Ansätze mit der idealtypischen Ausprägung der organisatorischen Aktionsparameter zur Förderung des organisationalen Lernens und der Innovationsfähigkeit überein.

Gemeinsame Integration der Grundgedanken
Wir optieren daher primär für einen Einbezug wichtiger Grundgedanken all dieser Konzepte unter begrifflicher Bezugnahme auf das organisationale Lernen. Dies gilt besonders für die Herleitung eines entsprechenden Effizienzkriteriums. Die Integration unter dem Begriff des organisationalen Lernens wählen wir nicht zuletzt deshalb, weil dieses Konzept im Hinblick auf Benennung und Inhalt enger mit der Organisation verbunden ist als die Innovationsfähigkeit sowie klarer fassbar als die recht heterogenen neuartigen, dezentralen Organisationsansätzen ist.

7.2 Präzisierung von Effizienzkriterien

Wie in Abschn. 6.2 dargelegt, wollen wir in einem stufenweisen Operationalisierungsprozess ein generelles System organisatorischer Effizienzkriterien definieren. Dieses soll eine langfristige (d. h. möglichst von zeitpunktbezogenen Unternehmungszielen unabhängige)

Orientierung aufweisen. Dabei handelt es sich um nichts anderes als um die Festlegung *funktionsbezogener Formalziele* für die *Gestaltung der Unternehmungsstruktur* (Formalziele als qualifizierende Merkmale, die zur Beurteilung der Zielerreichung herangezogen werden. Zu den Formalzielen vgl. Abschn. 3.5).

Es geht somit darum, in der für eine Unternehmung gültigen Situation festzustellen, *inwieweit Strukturalternativen im Hinblick auf Formalziele der organisatorischen Gestaltung effizient sind.* In der konkreten Evaluation sind *die Alternativen an den hergeleiteten Kriterien bzw. Indikatoren zu messen.* Die entsprechenden Ausprägungsgrade im Hinblick auf die angestrebten Sachziele werden in einer Zielertragsmatrix verbal und numerisch festgehalten.

Kriterien zur Effizienzbeurteilung von Strukturalternativen

Aus der Vielzahl möglicher Kriterien wählen wir unter folgenden Aspekten aus:

- *Berücksichtigung der grundlegenden Formalzielkategorien*: Zuordnungsmöglichkeit zur ökonomisch-technischen, flexibilitätsorientierten oder intern anspruchsgruppenorientierten Kategorie (vgl. Abschn. 6.2).
- *Problembezogenheit*: Die Kriterien beziehen sich auf die Aspekte, die hier interessieren. Sie berücksichtigen insbesondere die in Kap. 6 beschriebenen Anforderungen an die Leistungswirksamkeit einer Organisation.
- *Verwendbarkeit in praktischen Bewertungsvorgängen*: Die Kriterien lassen sich darstellen und sind anschaulich.
- *Diskriminierungsfähigkeit*: Mit den Kriterien lassen sich Unterschiede zwischen verschiedenen Alternativen deutlich demonstrieren.

Spezifische Ausgestaltung

Die resultierende Zusammenstellung von Effizienzkriterien ist keineswegs erschöpfend. Im konkreten Fall können die Kriterien *durch die Organisierenden ergänzt und/oder substituiert* werden. Die Auseinandersetzung damit, ob die Effizienzkriterien zur Situation der jeweiligen Unternehmung passen, ist zwingend.

Gefahr subjektiver Beeinflussung durch Vereinfachung

Wie bereits mehrfach erwähnt, ist in der Praxis zudem ein weiteres Phänomen beobachtbar: Führungskräfte pflegen die Effizienzbeurteilung üblicherweise zu vereinfachen und nur anhand weniger Kriterien durchzuführen. Dadurch vermindern sie die Komplexität der Gesamtsituation, indem nur die als besonders *wichtig erachteten Einflussgrößen* in den Entscheidungsprozess einfließen (mit entsprechender Gefahr subjektiver Beeinflussung).

Die hier hergeleiteten Effizienzkriterien werden in Unterkriterien gegliedert, da sie allgemein definiert und nicht unmittelbar für den Vergleich von Organisationsformen geeignet sind (Vorstufe der Indikatorenbildung). Wir systematisieren sie wie in Tab. 7.1 übersichtlich aufgelistet.

Tab. 7.1 Effizienzkonzept im Überblick (2)

Kriterienkategorie	Nr.	Effizienzkriterien	Unterkriterien
Ökonomisch-technische Kriterien	1	Zielorientierung der Organisation	• eindeutiger Zielbezug aller Stellenaufgaben • Einhaltung des Kongruenzprinzips • Aufgabenerfüllung: sachnah, problemnah, zielbezogen
	2	Förderung der Führbarkeit und Begrenzung des Koordinationsaufwandes	• aufwandsgünstige Gliederungstiefe (Anzahl Führungsebenen) und -breite (Leitungsspanne) • optimierte Anzahl, Art und Ebene von Schnittstellen mit Kooperationsnotwendigkeit, angepasste horizontale Koordinationseinrichtungen
	3	Schnelligkeit und Qualität der Informationsverarbeitungs- und Entscheidungsprozesse	• für Zeitbedarf und Problemlösungsumsicht gleichermaßen günstige Zahl beteiligter Aktionseinheiten • eindeutige Regeln zur Prioritätensetzung und zielbezogenen Konfliktlösung
Flexibilitätsorientierte Kriterien	4	Handlungs-, Anpassungs- und Innovationsfähigkeit der Organisation	• Fähigkeit zur anforderungsgerechten, friktionsarmen organisatorischen Rekonfiguration auf Änderungen • optimaler Zentralisationsgrad von Aktions- und Reaktionsentscheidungen • angepasstes Ausmaß formaler Regeln (Regelungsdichte) • angemessene Offenheit der Primärstruktur für Sekundär- und temporäre Ergänzungsstrukturen (z. B. Projektorganisation)
	5	Förderung der organisatorischen Lernfähigkeit (Kompetenzbündelungseffizienz)	• einfache ebenen-, bereichs-, funktions- und systemgrenzen-übergreifende Informations-, Kommunikations- und Kontaktmöglichkeiten • Durchlässigkeit der Strukturen (personelle Mobilität) • Fähigkeit zur Bündelung spezifischer Wissenspotenziale
Interne anspruchs-gruppenorientierte Kriterien	6	Förderung der sozialen Effizienz und individuellen Lernfähigkeit	• abschließende, ganzheitlich integrierte Bearbeitung einer Aufgabe innerhalb eines Subsystems • Eindeutigkeit der personellen Zuordnung • ausreichende Kompetenz- und Verantwortungsspielräume (Autonomie) mit angemessener Fehlertoleranz • günstige stellenbezogene Entwicklungsmöglichkeiten für Personen mit Führungsrollen

Zur Erläuterung und besseren Nachvollziehbarkeit präzisieren wir die Effizienzkriterien und ihre Unterkriterien nachfolgend weiter:

Widerspruchsfreie Zielorientierung

1. **Zielorientierung der Organisation:** Die organisatorischen Regeln sind darauf ausgerichtet, dass die den Aktionsträgern zugeteilten Aufgabenkomplexe zielbezogen gebildet werden. Jede Stellenaufgabe lässt sich mit den Sach- und Formalzielen der Unternehmung begründen. Unter Wahrung des Kongruenzprinzips werden den zuständigen Aktionsträgern die zur Aufgabenerfüllung erforderlichen Kompetenzen und die damit korrespondierende Verantwortung eindeutig zugeordnet. Durch die bewusste Zielorientierung soll auch der Gefahr entgegengewirkt werden, dass Aktionsträger systemzielfremden Aufgabenerfüllungsstandards (z. B. rein professionellen Standards) Vorrang geben (Sicherung der Problemorientierung, Vermeidung von Zielverschiebungsprozessen). Die wichtigsten Elemente (Unterziele bzw. Unterkriterien) dieses Effizienzkriteriums sind folglich:
   - ein eindeutiger *Zielbezug* aller Stellenaufgaben,
   - die Einhaltung des *Kongruenzprinzips* (Klarheit und Übereinstimmung von Aufgaben-, Kompetenz- und Verantwortungsabgrenzung) sowie
   - eine *sach-/problemnahe* und *zielbezogene* Aufgabenerfüllung.

Zielbezogene Führung mit geringem Aufwand

2. **Förderung der Führbarkeit und Begrenzung des Koordinationsaufwandes:** Die organisatorischen Regelungen sind darauf ausgerichtet, dass Gliederungstiefe und -breite der Organisationsform sowie Schnittstellen mit Kooperationsnotwendigkeit zwischen den einzelnen Unternehmungsteilbereichen und mit dem Wertschöpfungssystem die zielbezogene Führbarkeit (Steuerbarkeit) der Gesamtunternehmung fördern. Insgesamt soll der Koordinationsaufwand minimiert werden. Unterziele dieses Kriteriums sind damit:
   - eine *für den Koordinationsaufwand günstige Gliederungstiefe* (Anzahl vertikaler Ebenen bzw. Hierarchiestufen),
   - eine *Gliederungsbreite, die eine zielbezogene Führung der unmittelbar unterstellten Aktionseinheiten ermöglicht und den Koordinationsaufwand geringhält*,
   - eine *aufwandgünstige Anzahl, Art und Ebene aufgabenabhängiger Schnittstellen* mit anderen Bereichen sowie dem Wertschöpfungssystem und den *dadurch erforderlichen (bereichs-)übergreifenden Koordinationseinrichtungen bzw. -instrumenten.*

Qualitative und terminsichere Informationen und Entscheidungen

3. **Schnelligkeit und Qualität der Informationsverarbeitungs- und Entscheidungsprozesse:** Die organisatorischen Regeln schaffen die Voraussetzungen dafür, dass die Informationsverarbeitungs- und Entscheidungsprozesse in der für die Zielerreichung notwendigen Güte (Qualität, Problemlösungsumsicht) und Schnelligkeit (Terminsicherheit) vollzogen werden können. Die Erfüllung dieses Kriteriums bedingt:

- eine für Zeitbedarf und Problemlösungsumsicht gleichermaßen *günstige Zahl beteiligter Aktionseinheiten* (Informationsverarbeitungs- und Entscheidungsstellen) und
- eindeutige *Regeln zur Prioritätensetzung und zielbezogenen Konfliktlösung.*

Zeitnahe Aktionen und Reaktionen

4. **Handlungs-, Anpassungs- und Innovationsfähigkeit der Organisation:** Die Organisationsform erlaubt einer Unternehmung schnelles und wirksames (anforderungsgerechtes) Agieren und Reagieren auf erkannte oder bereits wirksame quantitative oder qualitative Änderungen von systemexternen und -internen Anforderungen. Für diesbezügliche unternehmerische Aktionen oder Reaktionen sollen (grundlegende) Organisationsänderungen möglichst nicht erforderlich sein. Zudem sind die Wertschöpfungsprozesse der Unternehmung im notwendigen Mindestumfang (qualitativ und quantitativ) stets zu gewährleisten. Das Effizienzkriterium erfordert daher:
   - die *Fähigkeit zur anforderungsgerechten, friktionsarmen organisatorischen Rekonfiguration* mit geringst möglichem Leistungsverlust auf Änderungen (z. B. durch hohe Kopplungs- und Entkopplungsfähigkeit der Unternehmungseinheiten mit klar definierten Geschäftsprozessen oder durch eine sehr modulare Strukturgestaltung mit kleineren Einheiten),
   - einen *optimalen Zentralisationsgrad* hinsichtlich der Entscheidungen, die im Zusammenhang mit vorgenannten Veränderungen zu treffen sind (ausreichende lokale, kundennahe Problemlösungsfähigkeit bzw. ausreichende Autonomie und Möglichkeiten der Selbstorganisation und -koordination für rasches Handeln),
   - ein *angepasstes Ausmaß formaler Regeln (Regelungsdichte)*, das kontextabhängig die für die Wertschöpfungsprozesse und die Flexibilitätsanforderungen richtige Balance zwischen Ressourceneffizienz und Beweglichkeit unterstützt,
   - eine angemessene *Offenheit der Primärstruktur für sekundäre und temporäre Ergänzungsstrukturen.*

Wissensaustausch und -bündelung

5. **Förderung der organisatorischen Lernfähigkeit (Kompetenzbündelungseffizienz):** Die Organisationsform fördert den Austausch individuellen Wissens unter den Unternehmungsangehörigen durch Information, Kommunikation und Feedbackschlaufen. Sie erleichtert die Interaktion von Individuen und Gruppen über die Hierarchie hinweg und mit dem Wertschöpfungssystem, in das die Unternehmung eingebunden ist. Sie unterstützt damit die Verbreitung des Wissens in der Unternehmung und schafft wissensbezogene Redundanzen. Durch adäquate Speicherstrukturen ermöglicht die Organisation schließlich, das Wissen von den Aktionsträgern zu lösen, zu bündeln und in die Wissensbasis der Unternehmung einzubringen. Detaillierter beinhaltet dieses Kriterium daher:
   - *einfache ebenen-, bereichs-, funktions- und systemgrenzen-übergreifende Informations-, Kommunikations- und Kontaktmöglichkeiten* zum Austausch und zur Diffusion

von Wissen (z. B. durch leistungsfähige, offene, d. h. kopplungsfähige und zugängliche Koordinationsinstrumente),
- die *Durchlässigkeit der Strukturen (personelle Mobilität)* zur Gewährleistung ausreichender Durchmischung und Mobilität von Individuen und Gruppen in der Organisation und
- die *Fähigkeit zur Bündelung spezifischer Wissenspotenziale* zur Ermöglichung ihrer Nutzung.

Entfaltung von menschlichen Leistungspotenzialen

6. **Förderung der sozialen Effizienz und individuellen Lernfähigkeit:** Die organisatorischen Regeln sind für den durchschnittlichen Stelleninhaber durchschaubar. Dies gilt insbesondere in dem bei der Aufgabenerfüllung für den Aktionsträger relevanten Ausschnitt. Sie geben Freiräume und wirken sich positiv auf die Arbeitszufriedenheit sowie die Lern- und Leistungsmotivation aus. Insgesamt bieten sie die Möglichkeit zur Entfaltung der Leistungspotenziale. Das Kriterium der sozialen Effizienz und individuellen Lernfähigkeit umfasst daher die Forderungen nach:
   - einer möglichst *abschließenden, ganzheitlich-integrierten Bearbeitung einer Aufgabe innerhalb eines Subsystems*. In diesem Fall identifizieren sich die einbezogenen Menschen leichter mit dem „Endprodukt" des Leistungserstellungsprozesses und können Bewertungen desselben besser auf sich beziehen. Gleichzeitig wird die Suche nach aufgaben- und funktionsübergreifenden (und damit komplexeren) Lösungen gefördert,
   - einer möglichst *eindeutigen personellen Zuordnung*. Dies verhindert widersprüchliche Anweisungen, Richtlinien etc. von verschiedenen Instanzen an den Aktionsträger, was persönlichen Unsicherheiten, die kreative Variationen in der Ausführung der Tätigkeiten hemmen, entgegengewirkt,
   - ausreichenden *Kompetenz- und Verantwortungsspielräumen (Autonomie) mit angemessener Fehlertoleranz*. Diese eröffnen Freiräume zur Variation der Tätigkeiten und dienen damit der Steigerung von Problem- und Chancenwahrnehmung sowie umfassenderem Lernen „on the job" und
   - günstigen *stellenbezogenen Entwicklungsmöglichkeiten für Personen mit Führungsrollen* durch die Integration unternehmerischer Aufgaben in entsprechende Positionen.

Beispiel: Effizienzkriterien bei der Reorganisation einer europäischen Personentransportunternehmung

Um sich in der Markt-Liberalisierung besser zu positionieren und die Wettbewerbsfähigkeit zu sichern, hat die Unternehmung ihre Organisation überprüft. Im Vordergrund standen dabei insbesondere die verbesserte Ausrichtung auf die Strategie und die Reduktion der Strukturkosten.

Tab. 7.2 zeigt, wie das hier vorgestellte Effizienzkonzept im konkreten Fall situationsgerecht angepasst wird und dabei spezifische Schwerpunkte gesetzt werden. ◀

Tab. 7.2 Effizienzkonzept einer Personentransportunternehmung

Verwendetes Effizienzkriterium	Präzisierung der Kriterien	Zuordnung zum Effizienzkonzept
Orientierung an strategischen Geschäften	Ausrichtung der Organisation auf die von der Unternehmung definierten Strategischen Geschäftsfelder (SGF)	**Nr. 1:** Zielbezug der Organisation
Klar abgegrenzte Verantwortungsbereiche	Vermeidung von Doppelspurigkeiten in der Auftragserfüllung (horizontal und vertikal)	**Nr. 1:** Zielbezug der Organisation
Transparenz in den Unterstellungsverhältnissen	Einliniensystem sowie klare Unterstellungen unter die Führungsfunktionen	**Nr. 2:** Förderung der Führbarkeit und Begrenzung des Koordinationsaufwandes
Marktnähe durch Kundenorientierung	Entscheidungen im Zusammenhang mit Kunden und der Leistungserbringung können dezentral/marktnah gefällt werden	**Nr. 4:** Handlungs-, Anpassungs- und Innovationsfähigkeit der Organisation
Kosten des Managements	Minimierung der Kosten, die durch die einzelnen Führungsstufen verursacht werden (ohne Fachfunktionen), und der Anzahl Führungsfunktionen	Keine direkte Zuordnung möglich
Nutzung von Synergiepotenzialen (Einsparpotenzialen)	Realisierung von Größeneffekten und Verbundeffekten in der primären Leistungserstellung (ohne Fachfunktionen)	Keine direkte Zuordnung möglich
Flexibilität, Innovations- und Anpassungsfähigkeit der Organisation	Adaptionsfähigkeit an neue Marktanforderungen, ohne die Gesamtorganisation reorganisieren zu müssen	**Nr. 4:** Handlungs-, Anpassungs- und Innovationsfähigkeit der Organisation
Merger & Akquisitions-Fähigkeit auf allen Stufen	Fähigkeit zu Partnerschaften als Gesamtorganisation oder von Teilbereichen der Unternehmung (Regionen, Großregionen, SGF)	**Nr. 4:** Handlungs-, Anpassungs- und Innovationsfähigkeit der Organisation
Entwicklungsmöglichkeiten in der Organisation	Positionen, die eigenverantwortliches Handeln fördern und zu Mitunternehmertum animieren	**Nr. 6:** Förderung der sozialen Effizienz und individuellen Lernfähigkeit

Anpassen der Effizienzkriterien an die „Haussprache"

Das Beispiel zeigt, dass jede Unternehmung ihre „Haussprache" wählt und selbstverständlich frei ist, neue Effizienzkriterien hinzuzufügen, falls dies ihre spezifische Problemlage erfordert.

7.3 Einflussgrößen auf die Erfüllbarkeit der Effizienzkriterien

Die Effizienzkriterien können in der konkreten Gestaltungssituation nicht nur von den Entscheidungspersonen modifiziert werden. Das *Ausmaß ihrer Erfüllbarkeit ist auch von der Situation* (charakterisiert durch die im Bezugsrahmen der organisatorischen Gestaltung aufgeführten Elemente) *einer Unternehmung abhängig*.

Wirkungszusammenhänge aufzeigen
Dies verdeutlichen wir mit der beispielhaften Darstellung einiger Wirkungszusammenhänge zwischen Effizienzkriterien und Situationselementen:

- Die *Zielorientierung der Organisation* (Effizienzkriterium Nr. 1) wird unter anderem durch die Unklarheiten und Antinomien im Zielsystem beeinflusst. Je stärker explizite und implizite Widersprüche im Zielsystem von Unternehmungen vorhanden sind, desto weniger ist eine Zielorientierung der Organisation möglich.
- Die Anforderungen des Kriteriums *Förderung der Führbarkeit und Begrenzung des Koordinationsaufwandes* (Effizienzkriterium Nr. 2) sind z. B. in Abhängigkeit von der Gleichförmigkeit und Neuartigkeit der Aufgaben unterschiedlich erfüllbar. Je neuartiger und heterogener die Aufgaben in einem Subsystem sind, desto niedriger dürfte die Gliederungsbreite (also die Anzahl der unmittelbar unterstellten Personen) im Interesse zielbezogener Führung werden. Dadurch steigt aber gleichzeitig der horizontale Koordinationsaufwand.
- Die *Schnelligkeit und Qualität der Informationsverarbeitungs- und Entscheidungsprozesse* (Effizienzkriterium Nr. 3) wird beispielsweise von der Leistungsfähigkeit der in der Unternehmung zur Verfügung stehenden Informations- und Kommunikationstechnologiebeeinflusst.
- Je höher die Rollenflexibilität der personellen Aktionsträger ist (z. B. aufgrund einer breiten Ausbildung und vielfältiger Erfahrungen), umso günstiger sind die Voraussetzungen für eine *Handlungs-, Anpassungs- und Innovationsfähigkeit der Organisation* (Effizienzkriterium Nr. 4).
- Ein Wirkungszusammenhang zwischen der *Förderung der organisatorischen Lernfähigkeit* (Effizienzkriterium Nr. 5) und der konkreten Gestaltungssituation besteht z. B. durch die der Unternehmung zur Verfügung stehende Informationstechnologie. Die Verwirklichung offener, transparenter und zugänglicher Führungs-, Informations- und Kommunikationssysteme ist in hohem Ausmaß von der in einer Unternehmung existierenden Informatikplattform abhängig.
- Besteht in der Unternehmung der Personalentwicklungsgrundsatz, dass (oberste) Führungskräfte nur „aus den eigenen Reihen“ kommen sollen, so sind die Anforderungen an die Erfüllung des Kriteriums *Förderung der sozialen Effizienz und individuellen Lernfähigkeit* (Effizienzkriterium Nr. 6) besonders hoch.

Wie obige Beispiele zeigen, *beeinflusst die spezifische Unternehmungssituation die Erfüllbarkeit der Effizienzkriterien*. Die Bewertenden der Effizienz müssen diese Einflüsse bei der Gewichtung der herangezogenen Kriterien (vgl. Abschn. 8.3) berücksichtigen. Die Erkenntnisse der Organisationsforschung und das Wissen aus praktischer Gestaltungserfahrung bieten hierbei Orientierungshilfen.

7.4 Interdependenzen der Effizienzkriterien

Die vorgestellten Effizienzkriterien sind Bestandteile des Konstruktes „organisatorische Effizienz“. Sie müssen sich dementsprechend zu einem Gesamtbegriff zusammenfügen lassen.

Ergänzende oder konkurrierende Beziehungen zwischen den Kriterien
Auch wenn die Kriterien so definiert werden, dass sie unterschiedliche Aspekte des Begriffes „organisatorische Effizienz“ abbilden, sind sie von Interdependenzen betroffen. Das heißt, dass ergänzende oder (je nach Formulierung) auch konkurrierende Beziehungen zwischen ihnen bestehen.

Zur Verdeutlichung dieser Interdependenzen beschränken wir uns in der Folge (vgl. Abb. 7.1) auf eine Illustration der Verbindungen zwischen dem Kriterium der *Förderung der organisatorischen Lernfähigkeit (Kompetenzbündelungseffizienz)* (Effizienzkriterium Nr. 5) und drei anderen Kriterien (Die Nummern (3)–(6) stehen in Übereinstimmung mit jenen Nummern, die den Kriterien in Tab. 7.1 zugewiesen wurden. Für eine exemplarische Darstellung von einigen Interdependenzen zwischen den übrigen Kriterien vgl. Thom 1988, S. 337 f.):

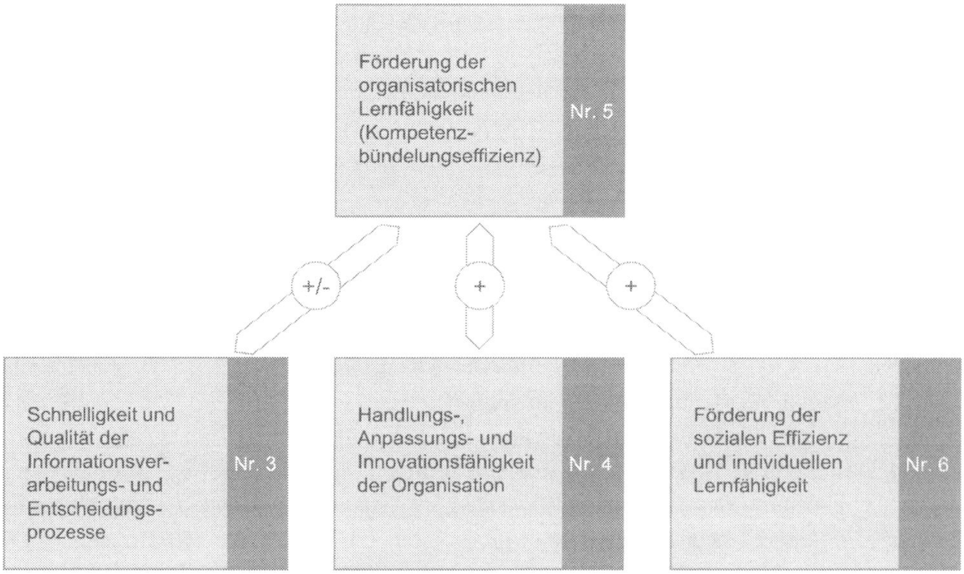

Abb. 7.1 Interdependenzen zwischen Effizienzkriterien (exemplarisch)

- Schnelligkeit und Qualität der Informationsverarbeitungs- und Entscheidungsprozesse (Effizienzkriterium Nr. 3),
- Handlungs-, Anpassungs- und Innovationsfähigkeit der Organisation (Effizienzkriterium Nr. 4),
- Förderung der sozialen Effizienz und individuellen Lernfähigkeit (Effizienzkriterium Nr. 6).

Die Interdependenzen lassen sich detailliert wie folgt umschreiben:

Autonomie vs. Standardisierung

Interdependenz (3)–(5):	*Ambivalentes Verhältnis*: Werden Schnelligkeit und Qualität der Informationsverarbeitungs- und Entscheidungsprozesse nicht über die Reduktion der an beiden Prozessen beteiligten Stellen erreicht, so wird das organisationale Lernen gefördert. Umgekehrt kann zumindest gesagt werden, dass eine Förderung des organisationalen Lernens stets mit einer Verbesserung der Qualität der Informationsverarbeitungs- und Entscheidungsprozesse einhergeht. Werden die Prioritätensetzung und zielbezogene Konfliktlösung über formalisierte und standardisierte Regeln durchgesetzt, so wirkt sich dies negativ auf die organisatorische Lernfähigkeit aus.

Offenheit und Flexibilität als Erfolgsrezept

Interdependenz (4)–(5):	*Positives Verhältnis*: Je ausgeprägter die Förderung der organisatorischen Lernfähigkeit ist, desto größer ist die Handlungs-, Anpassungs- und Innovationsfähigkeit. So führen flexible, offene und ausgebaute strukturelle, personelle und technokratische Koordinationsinstrumente zu einer Steigerung des Handlungs- und Anpassungspotenzials einer Unternehmung, z. B. durch eine verbesserte Schnittstellenintegration zwischen Primär- und Sekundärstruktur. Dieser Zusammenhang kann, muss aber nicht, auch umgekehrt wirken: Eine für Sekundär- und Ergänzungsstrukturen offene Primärstruktur ist mit einer erhöhten Informations- und Kommunikationsdichte verbunden.

Soziale Effizienz und organisatorische Lernfähigkeit als Verstärker

Interdependenz (5)–(6):	*Positives Verhältnis*: Je besser die Förderung von sozialer Effizienz und individueller Lernfähigkeit ist, desto stärker ist die Förderung der organisatorischen Lernfähigkeit (und umgekehrt). Diese positive Beziehung basiert auf den in Abschn. 6.5.2 beschriebenen Zusammenhängen zwischen individuellem Lernen, kollektivem Lernen und organisatorischer Verankerung.

Widersprüche sind nicht unbedingt Stolpersteine

Sofern die Interdependenzen zwischen den Effizienzkriterien von den Gestaltenden erkannt werden, *sind sie in der Verwendung des Evaluationsinstruments handhabbar*

(z. B. über differenzierte Gewichtungen der Kriterien). Zudem sind konkurrierende Interdependenzen nicht unbedingt negativ zu bewerten: Empirische Studien haben erstaunlicherweise gezeigt, dass gerade Unternehmungen, die simultan Gegensätze in ihren Strukturen aufweisen, in turbulenten Situationen besonders effizient sind (vgl. Cameron 1986, S. 544 ff.). Mit anderen Worten: Gegenläufige Tendenzen oder Widersprüche in den Kriterien sind unter Umständen notwendig, um Effektivität und Effizienz insgesamt überhaupt zu erreichen.

Vermeiden von Überlappungen

Von Interdependenzen zu unterscheiden sind jedoch *Kriterienüberlappungen*, die durch fehlende Trennschärfe in den gegenseitigen Abgrenzungen entstehen. Solche sind zu vermeiden, da sonst bestimmte Aspekte der organisatorischen Effizienz mehrfach bewertet werden. Wegen den illustrierten Interdependenzen kann allerdings nicht gänzlich verhindert werden, dass indirekt eine Mehrfachbewertung gewisser Teilaspekte erfolgt. Durch die Gewichtung der Kriterien in der konkreten Gestaltungssituation (unter Kenntnis der erläuterten Interdependenzen) sind solche mehrfachen Bewertungen teilweise kompensierbar.

Literatur

Cameron, Kim S. 1986. Effectiveness as Paradox: Consensus and Conflict in Conceptions of Organizational Effectiveness. *Management Science* 32(5): 539–553.

Thom, Norbert. 1988. Organisationsmanagement. Bewertung und Auswahl einer effizienten Organisationsform für Unternehmungen. In *Funktionale Managementlehre*, Hrsg. Michael Hofmann und Lutz von Rosenstiel, 322–352. Berlin/Heidelberg/New York: Springer.

Auswahl einer Organisationsform

8

Zusammenfassung

Das achte Kapitel verdeutlicht das Effizienzkonzept durch eine verbale Beurteilung der funktionalen, divisionalen und Matrix-Organisation mit Hilfe der Effizienzkriterien. Wir zeigen, wie mit der Punktbewertung, der Gewichtung der Effizienzkriterien in einer Nutzwertanalyse, der Visualisierung der Beurteilungsergebnisse und der Durchführung von Realisierbarkeitsstudien der Entscheid für eine optimale Organisationsform gefällt werden kann.

Charakterisierung des Kapitels: Praxisanleitung
Positionierung auf der Themenlandkarte:

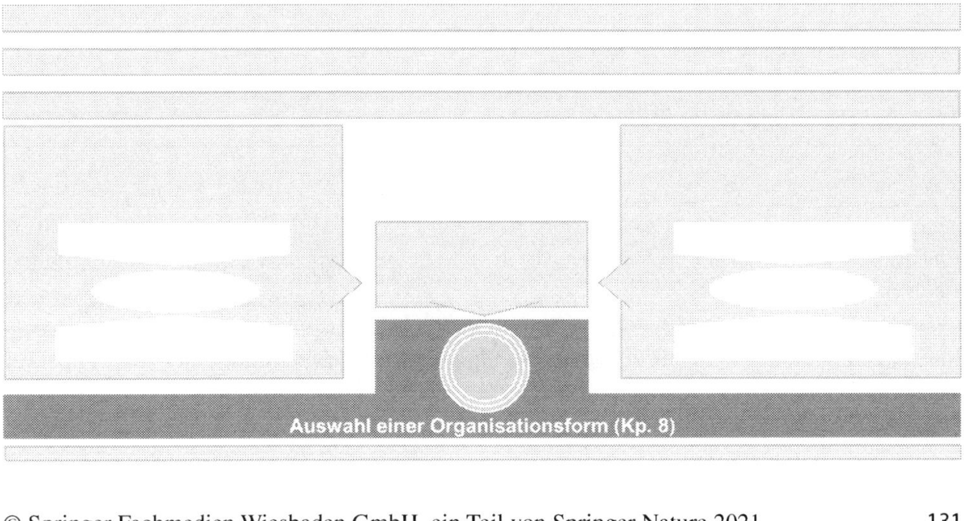

A. P. Wenger, N. Thom, *Die optimale Organisationsform*, uniscope. Publikationen der SGO Stiftung, https://doi.org/10.1007/978-3-658-32716-3_8

8.1 Verbaler Vergleich von Organisationsformen

8.1.1 Grundüberlegungen zum verbalen Vergleich

Wie Kap. 7 gezeigt hat, sind für jede Effizienzabschätzung vorgängig Kriterien zu präzisieren sowie ihre Einflussgrößen und Wechselbeziehungen zu untersuchen. Darauf aufbauend folgt die eigentliche Bewertung verschiedener organisatorischer Strukturalternativen mittels fundierter Beschreibung der zu erwartenden Effizienzgrade (Zielerträge). Dies geschieht üblicherweise in ausführlichen „Vor- und Nachteile-Analysen" von Organisationsformen. Dabei wird versucht, die potenziellen „Zielerträge" dieser Organisationsformen durch eine verbale Bewertung abzuschätzen.

Mögliche Kontroversen hinsichtlich der Bewertung
Wie bei jeder Bewertung *sind Kontroversen um unterschiedliche Einschätzungen der Auswirkungen (sprich der Zielerträge) möglich.* Meinungsverschiedenheiten entstehen unter anderem deshalb, weil teilweise nicht deckungsgleiche Bedingungslagen unterstellt werden. Dies wird durch die Bewertenden jedoch oft nicht hinreichend explizit gemacht.

Streng genommen sollte sich eine vergleichende Effizienzbewertung auf die unmittelbar erfassbaren Konsequenzen einer Organisationsform für ein und dieselbe Unternehmung bei konstant gehaltener Bedingungslage beschränken. Mit einer liberaleren Auffassung ist es auch noch zulässig, sogenannte strukturinhärente Folgeerscheinungen in die Analyse einzubeziehen. Dabei wird kenntlich gemacht, welche Situationsgrößen sich in welcher Richtung und in welchem Ausmaß ändern müssten, damit eine bestimmte Alternative vergleichbare Zielerträge wie eine andere erreichen würde.

Erstellung der Zielertragsmatrix als Hauptaufgabe
Eine Hauptaufgabe der Organisierenden liegt in der fundierten Ermittlung der *Zielertragsmatrix* für die möglichen Alternativen:

- *Zeile:* organisatorische Effizienzkriterien,
- *Spalte:* organisatorische Alternativen.

Nach unserer Erfahrung können die Entscheidungspersonen in nicht wenigen Fällen unmittelbar anhand solcher Zielertragsmatrizen die aus ihrer Sicht günstigste Organisationsform auswählen.

Voraussetzung ist, dass die Matrizen *sorgfältig und mit der nötigen Problemlösungsumsicht erstellt werden.* Die Gewährleistung von Transparenz und Nachvollziehbarkeit sowie die Kanalisierung des Einflusses der konkreten Unternehmungssituation sind absolut zentral.

Zentral bei der Beurteilung von Organisationsalternativen anhand von Effizienzkriterien *ist die Klarheit aller Beteiligten, auf welcher Bezugsebene der organisatorischen Gestaltung beurteilt wird* (vgl. dazu Abschn. 5.4): Je nach Bezugsebene (1. Wille und Werte der

Empfehlungen
Für den konkreten Gestaltungsfall empfehlen wir die Beachtung folgender Punkte:

- Für die Erstellung der Zielertragsmatrix ist ein systematisches und detailliertes Vorgehen zu wählen.
- Die Bewertung ist möglichst durch alle Entscheidungsträger und Entscheidungsträgerinnen gemeinsam durchzuführen. Damit werden die stark subjektiven Einflüsse kontrolliert, die durch die schwere Quantifizierbarkeit organisatorischer Lösungen entstehen.
- Allfällige Zwischenentscheide sind klar zu dokumentieren. Dies stellt sicher, dass die angestellten Überlegungen zu einem späteren Zeitpunkt (insbesondere während der Implementierung, aber auch bei einer späteren Erfolgskontrolle) jederzeit nachvollziehbar sind bzw. bleiben.

Unternehmung, 2. Portfolio an Geschäften, 3. Geschäfte oder 4. Leistungsprozesse) stehen andere Ziele, Grundfragen und Themen der Unternehmungsführung und damit auch andere zu bewältigenden organisatorischen Fragen und Problemstellungen im Vordergrund.

Je nach Bezugsebene können Organisationsmodelle anders beurteilt werden
Dies führt dazu, dass *ein bestimmtes Organisationsmodell, beurteilt anhand der gleichen Effizienzkriterien, je nach Einsatzebene unterschiedlich geeignet erscheint*. Konkreter: Eine funktionale Organisation mag auf der Ebene des Geschäftsportfolios (Gesamtunternehmungsebene) völlig ungünstig erscheinen, für ein bestimmtes Geschäft dieses Portfolios (Geschäftsebene) aber vorteilhaft sein.

Dies bedeutet gleichzeitig, dass große Unternehmungen bzw. Konzerne ihr passendes Organisationsmodell in einer Kaskade mehrerer Beurteilungsdurchläufe pro Ebene bestimmen müssen (vgl. Wenger 1999).

8.1.2 Hypothetischer Vergleich idealtypischer Organisationsformen

Das beschriebene Vorgehen wird hier beispielhaft anhand eines hypothetischen Vergleichs idealtypischer Organisationsformen illustriert (vgl. Tab. 8.1, 8.2, 8.3, 8.4, 8.5 und 8.6). Wir spiegeln die *klassische funktionale (FO), divisionale (DO) und Matrix-Organisation (MO) an den entwickelten Effizienzkriterien bzw. deren Unterkriterien*. Die Vor- und Nachteile sind in allgemeiner Weise formuliert, da keine bestimmte Unternehmungssituation unterstellt wird, und orientieren sich an allgemeinen Darstellungen der Organisationsformen bei (Grochla 1982/1995, S. 130 ff.; Thom 1990; Kates und Galbraith 2007, S. 10 ff. und 109 ff.; Frese et al. 2012, S. 424 ff.; Burton et al. 2015, S. 74 ff.; Stanford 2015, S. 57 ff.; Schreyögg und Geiger 2016, S. 42 ff.; Bach et al. 2017, S. 280 ff.; Bea und Göbel 2019, S. 341 ff.; Vahs 2019, S. 145 ff.). Insofern handelt es sich bei den Ausführungen um summarische Beurteilungen aus Sicht der Unternehmungsleitung.

Zielorientierung

Tab. 8.1 Vergleich bezüglich Zielorientierung der Organisation

Kriterium 1: Zielorientierung der Organisation			
	Funktionale Organisation (FO)	Divisionale Organisation (DO)	Matrix-Organisation (MO)
Eindeutiger Zielbezug der Stellenaufgaben	Hohe horizontale Interdependenzen der Leistungsprozesse erschweren eine klare Sachzielzuordnung; Formalziele der Funktionsbereiche können in Konkurrenz zu Unternehmungsformalzielen stehen (Suboptimierung).	Die Divisionen weisen einen klaren Sachzielbezug auf. Die für sie relevanten Formalziele sind zum Teil Summanden der obersten Formalziele.	Für Dimensionen, die nach dem Objektprinzip organisiert sind, ist ein klarer Zielbezug herstellbar. Für funktionale Dimensionen können sich demgegenüber Konkurrenzbeziehungen zu den Unternehmungsformalzielen ergeben.
Einhaltung des Kongruenzprinzips	Wegen den hohen Interdependenzen der Subsysteme (Funktionsbereiche) ist die klare Verantwortungszuordnung schwierig. Viele Faktoren des Arbeitsergebnisses können nur teilweise beeinflusst werden.	Insgesamt günstige Bedingungen durch das Prinzip der Bildung homogener Handlungseinheiten mit entsprechend sachzielorientierten Kompetenzen. Problemzonen sind die Richtlinien- und Beratungskompetenzen der Zentralbereiche.	Theoretisch denkbar. Wegen des Kompetenzdualismus de facto selten gegeben, wodurch sich ein großes Konfliktpotenzial ergibt. Eine eindeutige disziplinarische Unterstellung fördert die Klarheit erheblich.
Aufgabenerfüllung: sachnah, problemnah, zielbezogen	Gefahr primärer Funktionsorientierung: Problem- und Gesamtzielbezug sind nicht immer gegeben, da nicht der gesamte Leistungsprozess im Blickpunkt ist. Gewisse Funktionen sind zudem sehr marktfern, was die Kundenorientierung erschwert.	Durch die Umweltorientierung der Unternehmungseinheiten in der Regel begünstigt.	Die MO fördert sowohl Sach- als auch Problembezug. Im Konfliktfall wird eine Einigung anhand der Unternehmungsgesamtziele nahegelegt.

Führbarkeit und Koordinationsaufwand

Tab. 8.2 Vergleich bezüglich Führbarkeit und Begrenzung des Koordinationsaufwandes

Kriterium 2: Förderung der Führbarkeit und Begrenzung des Koordinationsaufwandes	Funktionale Organisation (FO)	Divisionale Organisation (DO)	Matrix-Organisation (MO)
Aufwandsgünstige Gliederungstiefe (Anzahl Führungsebenen)	Geringer als bei der DO. Dadurch weniger vertikale Koordinationsstufen.	Die Gliederungstiefe ist höher als bei der FO und der MO, allerdings dämpft die Kompetenzdelegation den Aufwand.	Geringer als bei DO, wodurch sich relativ gesehen weniger vertikale Koordinationsstufen ergeben.
Aufwandsgünstige Gliederungsbreite (Leitungsspanne)	Höher als bei der DO. Dadurch ergibt sich ein höherer horizontaler Koordinationsbedarf.	Geringer als bei der FO und in Bezug auf die Unternehmungsspitze auch weniger breit als bei der MO.	Für die Unternehmungsspitze vergleichsweise höchste Kontrollspanne. Dadurch ergibt sich hier evtl. ein quantitativer oder qualitativer personeller Mehrbestand.
Optimierte Anzahl, Art und Ebene von Schnittstellen mit Kooperationsnotwendigkeit, angepasste, horizontale Koordinationseinrichtungen	Wegen horizontalen Interdependenzen liegen viele leistungsprozessbezogene Schnittstellen zwischen den funktionalen Einheiten. Hoher Koordinationsbedarf, häufig gedeckt durch die Einrichtung struktureller Koordinationsinstrumente (Prozessteams und Stabsstellen). Das Schnittstellenmanagement in der Wertschöpfung wird insbesondere bei einem heterogenen Leistungsprogramm gezwungenermaßen zu einem Problemherd.	Wegen weitgehender Autonomie der Divisionen besteht, bezogen auf die operativen Aktivitäten, ein geringer horizontaler Koordinationsbedarf. Bezogen auf divisionsübergreifende (d. h. gesamtunternehmungsbezogene) Aspekte entsteht allerdings eine hohe Notwendigkeit von strukturellen, technokratischen und personellen Koordinationsinstrumenten, um die Vorteile aus dem Gesamtportfolio der Aktivitäten zu heben.	Ab der zweiten Hierarchieebene wird jede Stelle zur Schnittstelle. Daraus resultiert ein offener Koordinationsbedarf, der im Wesentlichen durch Selbstkoordination in den Matrixzellen gedeckt werden sollte (Vermeidung zusätzlicher struktureller Koordinationsinstrumente). De facto sind strukturelle, vor allem aber technokratische Koordinationsinstrumente (Regeln, Prozeduren etc.) meist unumgänglich.

Informationsverarbeitungs- und Entscheidungsprozesse

Tab. 8.3 Vergleich bezüglich Schnelligkeit und Qualität der Informationsverarbeitungs- und Entscheidungsprozesse

Kriterium 3: Schnelligkeit und Qualität der Informationsverarbeitungs- und Entscheidungsprozesse			
	Funktionale Organisation (FO)	Divisionale Organisation (DO)	Matrix-Organisation (MO)
Für Zeitbedarf und Problemlösungsumsicht gleichermaßen günstige Zahl beteiligter Aktionseinheiten	In allen Phasen von Entscheidungsprozessen zu übergeordneten Themen der Leistungserstellung sind relativ viele Stellen einzubeziehen. Die Art des Einbezugs ist dabei nicht immer voraussehbar. Das Resultat ist einerseits ein relativ langer Zeitbedarf, andererseits kann die Problemlösungsumsicht begünstigt werden.	Die Zahl der einzubeziehenden Stellen ist begrenzbar, ihre Art der Einbeziehung ist konkreter bestimmbar als bei der FO. Problembereiche sind Entscheidungsprozesse, an denen Sparten (Divisionen) und Zentralbereiche beteiligt sind. Insgesamt wahrscheinlich geringerer Zeitbedarf als bei der FO, ohne Auswirkungen auf die Qualität.	Durch den Zwang zum Einbezug mehrerer Einheiten sind Entscheidungsverzögerungen und zu viele Kompromisse möglich. Bei gut funktionierender Koordinationsfunktion der Matrixzellen lässt sich allerdings die Häufigkeit der notwendigen Interaktionen der beiden Dimensionen reduzieren. Insgesamt wird die objektbezogene Problemlösungsumsicht stark begünstigt.
Eindeutige Regeln zur Prioritätensetzung und zielbezogenen Konfliktlösung	In der Regel entscheidet nur die nächst höhere gemeinsame Instanz (Unternehmungsleitung) über Prioritäten und bei Konflikten. Sobald Dynamik und Komplexität steigen, entsteht dadurch zunehmend eine Engpasssituation („Flaschenhalseffekt“) an der Hierarchiespitze.	Innerhalb der Divisionen können Prioritäten selbst gesetzt werden, die Unternehmungsspitze wird nicht zum Engpass. Bei Konflikten zwischen den Divisionen sind Eingriffe der Unternehmungsleitung vermutlich zwingend.	Hohes Gefahrenpotenzial für unklare Regeln der Prioritätensetzung und zielbezogenen Konfliktlösung. Daher besteht die Notwendigkeit von technokratischen und personellen Koordinationsinstrumenten, aber auch von Schulungsmaßnahmen. Funktionieren diese „Systemstabilisatoren“, resultiert eine geringere Belastung der Hierarchiespitze als bei der FO.

Handlungs-, Anpassungs- und Innovationsfähigkeit

Tab. 8.4 Vergleich bezüglich Handlungs-, Anpassungs- und Innovationsfähigkeit der Organisation

Kriterium 4: Handlungs-, Anpassungs- und Innovationsfähigkeit der Organisation			
	Funktionale Organisation (FO)	Divisionale Organisation (DO)	Matrix-Organisation (MO)
Fähigkeit zur anforderungsgerechten, friktionsarmen organisatorischen Rekonfiguration auf Änderungen	Die Erhöhung des Aufgabenvolumens führt zur Erhöhung der Kontrollspanne oder zur Vergrößerung der Gliederungstiefe. In der Regel wird dadurch die horizontale Koordination erschwert. Aktionen bzw. Reaktionen auf Änderungen wirken meist auf mehr als eine Aktionseinheit, weil die Leistungsprozesse funktionsübergreifend sind. Sie werden wegen den starken horizontalen Interdependenzen kaum „eingedämmt". Mit wachsender Betriebsgröße bzw. bei zunehmender Heterogenität des Leistungsprogramms gerät das Gesamtsystem an die Grenzen seiner Führbarkeit.	Aktionen und Reaktionen wirken sich primär auf isolierte Subsysteme aus, da diese in sich abgeschlossene Leistungsprozesse bearbeiten (Abschottungseffekt). Neue, objektorientierte Teilsysteme können bei ausreichendem Geschäftsvolumen problemlos (d. h. ohne Beeinträchtigung des Geschäftsgangs der übrigen Divisionen) geschaffen werden. Dank der Bildung der Divisionen nach verwandten Technologien bzw. Märkten werden Änderungen in diesen Bereichen schnell vollzogen.	Hochflexible Organisationsform, die sowohl quantitativ als auch qualitativ rasch an veränderte Bedingungen angepasst werden kann, ohne dass die Grundstruktur modifiziert werden muss. Die Aktions- und Reaktionsfähigkeit kann allerdings durch eine Rivalität zwischen den Matrixdimensionen vermindert werden. Demgegenüber ist auch denkbar, dass sich der strukturimmanente Konflikt anpassungsfördernd auswirkt.
Optimaler Zentralisationsgrad von Aktions- und Reaktionsentscheidungen	Der Zentralisationsgrad ist relativ betrachtet höher als bei der DO und der MO, um die funktionsübergreifende Sicht zu sichern. Dadurch entsteht die Gefahr verzögerter Entscheidungen.	Die Delegation vieler unternehmerischer Entscheidungen an die Divisionen führt zu einer problem- und kundenahen sowie schnellen Aktions- und Reaktionsfähigkeit.	Organisationsforminhärente Dezentralisationstendenz: Sind die Konflikt- und Prioritätsregelungen klar festgelegt, kann diese Tendenz auch realisiert werden, was zu problemnahen und schnellen Anpassungsentscheidungen führt.

(Fortsetzung)

Tab. 8.4 (Fortsetzung)

Kriterium 4: Handlungs-, Anpassungs- und Innovationsfähigkeit der Organisation			
	Funktionale Organisation (FO)	Divisionale Organisation (DO)	Matrix-Organisation (MO)
Angepasstes Ausmaß formaler Regeln (Regelungsdichte)	Die Regelungsdichte nimmt in der FO mit zunehmender Komplexität des Leistungsprogramms zu, weil die steigende Anzahl Schnittstellen in den Prozessen koordiniert werden müssen und die Unternehmungsspitze den Koordinationsbedarf nicht mehr leisten kann.	Auf oberster Unternehmungsebene grundsätzlich tiefe Regelungsdichte, weil nur die Kernelemente geregelt werden müssen (abgrenzbare Subsysteme mit klar definierten Leistungsprozessen).	Ist davon abhängig, wie die MO gelebt wird: bei ausreichender Delegation von Kompetenzen in die Matrixzellen/an die operative Basis und hoher Kompetenz der Mitarbeitenden im Umgang mit der MO gute Voraussetzungen für eine relativ tiefe Regelungsdichte. Sonst praktisch unbeschränktes Regelungspotenzial, das die Strukturform lahmlegen kann.
Angemessene Offenheit der Primärstruktur für sekundäre und temporäre Ergänzungsstrukturen	Aufgrund der Zentralisationstendenzen und der Funktionsorientierung sind dem wirksamen Einsatz von Sekundärstrukturen (wie strategischen Geschäftseinheiten oder Netzwerken) enge Grenzen gesetzt bzw. sie werden gar nicht etabliert. Werden Prozessteams mit entsprechenden Kompetenzen installiert, entsteht faktisch eine Matrix. Temporäre Ergänzungsstrukturen wie z. B. Task Forces sind demgegenüber jederzeit implementierbar und je nach Aufgabenstellung auch wirksam.	Dezentrale Kompetenzverteilung und Objektorientierung führen zu guten Voraussetzungen für die Etablierung von sekundären und temporären Ergänzungsstrukturen. Ein Fragezeichen ist hinter die Realisierbarkeit von divisionsübergreifenden Sekundärstrukturen zu setzen. Diese benötigen die volle Unterstützung durch die Geschäftsleitung.	Ambivalent: Durch die Tendenz zur Selbstkoordination und Entscheidungsbeteiligung der Matrixzellen hohes Potenzial zur Bewältigung des Einsatzes von Sekundärstrukturen und temporären Ergänzungsstrukturen. Andererseits ergibt sich, durch die Dualität der Basisstruktur, bereits eine hohe strukturimmanente Komplexität, die durch eine weitere Überlagerung noch größer und damit schwerer bewältigbar wird. Das heißt, die MO droht an strukturelle Komplexitätsgrenzen zu stoßen (z. B. Gefahr einer möglichen Überlastung der Selbstkoordination).

Organisatorische Lernfähigkeit

Tab. 8.5 Vergleich bezüglich Förderung der organisatorischen Lernfähigkeit (Kompetenzbündelungseffizienz)

Kriterium 5: Förderung der organisatorischen Lernfähigkeit (Kompetenzbündelungseffizienz)			
	Funktionale Organisation (FO)	Divisionale Organisation (DO)	Matrix-Organisation (MO)
Einfache ebenen-, bereichs-, funktions- und systemgrenzübergreifende Informations-, Kommunikations- und Kontaktmöglichkeiten	Vom Grundprinzip der FO her schlechte Voraussetzungen: Durch die arbeitsteilige Konzentration der Bereiche auf eine in sich abgeschlossene, spezifische Funktion wird die Sicht auf das unmittelbare Arbeitsumfeld beschränkt. Die Art der Schnittstellen zu den übrigen Unternehmungsbereichen und in das relevante Wertschöpfungssystem ist klar definiert. Informationsfluss und Kommunikation sind durch die Zentralisierungstendenzen häufig vorgegeben. Der Einsatz spezifischer Instrumente zur Informations- und Kommunikationsförderung ist vor diesem Hintergrund zwingend.	Eher positiv, da die DO für eine Unternehmung per se zu einem Bedarf an Koordinationsinstrumenten zur Sicherung gesamtunternehmungsbezogener Interessen führt. Ob die organisatorische Lernfähigkeit dadurch gesteigert wird, hängt maßgeblich von der individuellen Ausgestaltung ab (z. B. Offenheit, Zugänglichkeit, Flexibilität). Der systemgrenzen-übergreifende Austausch erfolgt primär auf Divisionsebene, da die Wertschöpfung dort erbracht wird. Dies kann positiv (thematisch und problembezogen fokussierter Austausch) und negativ (Gesamtperspektive der Unternehmung wird nicht automatisch einbezogen) sein.	Erfüllen die Mitarbeitenden die hohen Anforderungen, welche die Organisationsform an ihre Kommunikations-, Kooperations- und Konfliktaustragungsfähigkeiten stellt, bestehen ideale Voraussetzungen für bereichs-, ebenen-, funktions- und systemgrenzen-übergreifende Information, Kommunikation und zu persönlichen Kontakten. Die existierenden Koordinationsmechanismen müssen in einer MO leistungsfähig und akzeptiert sein, da sonst die ganze Organisationsform paralysiert wäre.

(Fortsetzung)

Tab. 8.5 (Fortsetzung)

Kriterium 5: Förderung der organisatorischen Lernfähigkeit (Kompetenzbündelungseffizienz)			
	Funktionale Organisation (FO)	Divisionale Organisation (DO)	Matrix-Organisation (MO)
Durchlässigkeit der Strukturen (personelle Mobilität)	Die funktionsbezogene Spezialisierung wirkt stark einschränkend. Bereichsübergreifende Mobilität und Kooperation sind größtenteils auf die wenigen, generischen Funktionen beschränkt, die nicht an der Unternehmungsspitze angesiedelt sind (z. B. dezentrale Controlling-Stellen).	In den einzelnen Unternehmungsteilbereichen werden ähnliche Funktionen wahrgenommen. Diese potenzielle Durchlässigkeit könnte Kooperation und Mobilität fördern. Ein Problem ist aber die Eigenverantwortlichkeit der Divisionen, die zu einem gewissen Grad in Konkurrenz zueinander stehen. Dadurch besteht keine natürliche Neigung zur divisionsübergreifenden Zusammenarbeit.	Die verbreitete Selbstkoordination, die partizipative Ausgestaltung der Entscheidungsfindung und die institutionalisierte, relativ hierarchiefreie Zusammenarbeit mit Teamausrichtung bieten idealen Nährboden für Durchlässigkeit, Mobilität und flexible Lösungen.
Fähigkeit zur Bündelung spezifischer Wissenspotenziale	Die FO besitzt durch ihre Grundstruktur wesentliche Spezialisierungsvorteile durch die Realisierung fachlicher Lern- und Übungseffekte in den Funktionsbereichen.	Die dezentrale Ausrichtung der Struktur erschwert einheitliche und verbindliche Lösungen für die Gesamtunternehmung. Die DO begünstigt den Zugang zu bereichsfremdem Wissen nicht. Dies muss durch die individuelle Ausgestaltung der Koordinationsinstrumente korrigiert werden.	Durch die Komplexität der Grundstruktur ist die Notwendigkeit einer Bündelung spezifischer Wissenspotenziale eher einsichtig. Dies ist aber vom Konsens der Matrixinstanzen abhängig. Der Zugang zu Wissen ist durch die Zweidimensionalität generell gut. Die Etablierung von Parallelstrukturen führt evtl. (wie bei Sekundärstrukturen) dazu, dass die MO strukturell an Komplexitätsgrenzen stößt.

Soziale Effizienz und Lernfähigkeit

Tab. 8.6 Vergleich bezüglich Förderung der sozialen Effizienz und individuellen Lernfähigkeit

Kriterium 6: Förderung der sozialen Effizienz und individuellen Lernfähigkeit			
	Funktionale Organisation (FO)	Divisionale Organisation (DO)	Matrix-Organisation (MO)
Abschließende, ganzheitlich integrierte Bearbeitung einer Aufgabe innerhalb eines Subsystems	Der Bearbeitungsprozess ist stark segmentiert. Dem einzelnen Aufgabenträger ist der Endzweck seiner Leistung (bezogen auf den Unternehmungsoutput und die Leistung am Kunden) nicht immer hinreichend bekannt. Dies wirkt sich eher ungünstig auf die individuelle Lernbereitschaft aus. Demgegenüber erleichtert die FO eine funktionsbezogene Spezialisierung „on the job". Dies wiederum trägt wenig zu einer umfassenden Problem- und Chancenwahrnehmung und -bearbeitung bei.	Innerhalb der Divisionen ist der Endzweck der eigenen Tätigkeit ersichtlich. Das Vorgehen bei der Problemlösung löst sich von den Funktionen und ist durch die Berücksichtigung relevanter Variablen und deren Wechselwirkungen ganzheitlicher, gleichzeitig aber auch auf die entsprechenden objektbezogenen Bereiche beschränkt. Dadurch, dass gleiche Funktionen in den Subsystemen der DO mehrmals wahrgenommen werden, entsteht tendenziell eher ein „Slack", was die Lernbereitschaft fördert.	Für objektorientierte Dimensionen klare Identifizierungsmöglichkeiten mit dem Output. Für funktional orientierte Dimensionen besteht das Problem stark segmentierter Bearbeitungsprozesse. Demgegenüber entsteht ein struktureller Zwang zur Suche nach komplexeren, interdisziplinäreren Lösungen durch die gleichzeitige Berücksichtigung zweier Perspektiven bei der Problemlösung. Dies erhöht die Lernbereitschaft und Problemlösungskapazität der Organisationsmitglieder.

(Fortsetzung)

Tab. 8.6 (Fortsetzung)

Kriterium 6: Förderung der sozialen Effizienz und individuellen Lernfähigkeit			
	Funktionale Organisation (FO)	Divisionale Organisation (DO)	Matrix-Organisation (MO)
Eindeutigkeit der personellen Zuordnung	Das vorhandene Einliniensystem sichert die Einheitlichkeit des Auftragsempfangs. Die personelle Zuordnung ist eindeutig und transparent. Die dadurch vermittelte Sicherheit animiert die Stelleninhaber, Lerneffekte durch „trial and error"-Verfahren, innerhalb des Funktionsgebiets, aber jenseits der Tagesroutine zu realisieren.	Grundsätzlich durch Einliniensystem gegeben. Sofern die Zentralbereiche aber Richtlinienkompetenz für ihr Fachgebiet haben, entsteht de facto ein Mehrliniensystem (vgl. MO).	Durch das Mehrliniensystem in der MO ist Kompetenzdualismus vorgegeben, wodurch die Einheitlichkeit des Auftragsempfangs in den Matrixzellen nicht erfüllt ist. Eine sorgfältige und detaillierte Kompetenzabgrenzung an den Schnittstellen ist oberstes Gebot. Neben möglichen Loyalitätskonflikten können sich für die Aufgabenträger zudem übermäßige Unsicherheiten ergeben. Solche wirken insbesondere für Tätigkeiten jenseits der Tagesroutine hemmend und reduzieren die Lernbereitschaft durch „Trial-and-error"-Verfahren stark.
Ausreichende Kompetenz- und Verantwortungsspielräume (Autonomie) mit angemessener Fehlertoleranz	Die Funktionsbereiche sind durch die Ausrichtung auf die materiellen Input-, Output- und Transformationsvorgänge eng miteinander vermascht. Fehler haben horizontale Folgewirkungen. Die vielen Schnittstellen verlangen nach übergeordneter Koordination und einem effektiven Prozessmanagement, was die Autonomie der Funktionsbereiche stark einschränkt.	Durch die Bildung objektorientierter Unternehmungseinheiten wird die Abhängigkeit der einzelnen Teilbereiche voneinander reduziert. Die Folgen allfälliger Fehler fallen unter die Eigenverantwortung der Objektbereiche. Dies führt zu mehr interdivisionaler Toleranz und erhöht den Anreiz, mit Neuem zu experimentieren.	Dezentralisierung und Selbstkoordination eröffnen Freiräume für rasche und innovative Anpassungen, Veränderungen und Experimente. Problematisch ist, dass allfällige Fehler auf zwei Dimensionen zurückwirken können.

	Funktionale Organisation (FO)	Divisionale Organisation (DO)	Matrix-Organisation (MO)
Günstige stellenbezogene Entwicklungsmöglichkeiten für Personen mit Führungsrollen	Das funktionsorientierte Denken der Personen mit Führungsrollen behindert die Entwicklung von Generalisten (general manager). Die Bewährung auf der Funktionsebene qualifiziert nur bedingt für die oberste Führungsebene.	Die Divisionsleitung ist eine vollwertige unternehmerische Funktion und qualifiziert für koordinierende Managementfunktionen an der Unternehmungsspitze. Gute Stellvertretungsregelungen sind daher einfacher realisierbar als mit einer FO.	Übertragung von Projekt- und Produktmanagementaufgaben eignet sich sehr gut zur Erprobung/Überprüfung von Top-Management-qualitäten.

Verallgemeinerbarkeit der Bewertung in Zielertragsmatrizen

Obwohl hier anhand klassischer Organisationsformen illustriert, ist die Bewertung in Zielertragsmatrizen für jede denkbare Kombination organisatorischer Aktionsparameter durchführbar. Mit den hergeleiteten Effizienzkriterien *lassen sich problemlos netzwerkartige Strukturen, virtuelle Gebilde, die in* Abschn. 6.7 *erwähnten neuartigen, dezentralen Organisationsmodelle und die in der Praxis besonders verbreiteten hybriden Strukturen bewerten.* Exemplarisch wollen wir in Tab. 8.7 das Kriterium 5 für eine unternehmungsinterne Netzwerkorganisation diskutieren.

Tab. 8.7 Förderung der organisatorischen Lernfähigkeit (Kompetenzbündelungseffizienz) am Beispiel der Netzwerkorganisation

Kriterium 5: Förderung der organisatorischen Lernfähigkeit (Kompetenzbündelungseffizienz) am Beispiel der Netzwerkorganisation (NWO)	
Einfache ebenen-, bereichs-, funktions- und systemübergreifende Informations-, Kommunikations- und Kontaktmöglichkeiten	Ähnlich wie bei der MO gilt, dass die Mitarbeitenden hohe Anforderungen erfüllen müssen, welche die Organisationsform an ihre Kommunikations-, Kooperations- und Konfliktaustragungsfähigkeiten stellt. Ist dies gegeben, bestehen gute Voraussetzungen für bereichs-, ebenen-, funktions- und systemübergreifende Information, Kommunikation und persönliche Kontakte. Etwas gegenläufig wirkt die Bündelung von spezifischen Fähigkeiten und Kernkompetenzen in den einzelnen Netzwerkeinheiten als „Centers of Excellence", die zu einer Konzentration der Sicht auf das eigene Umfeld führen kann. Die existierenden Koordinationsmechanismen müssen daher in einer NWO besonders leistungsfähig und akzeptiert sein, damit die Organisationsform nicht gelähmt wird. Wichtig ist zudem, dass Gemeinsamkeiten in Werten und Ideen existieren, damit Vertrauen zwischen den Netzwerkpartnern entsteht. Dies gilt auch in Bezug auf die Einbettung in das übergeordnete Wertschöpfungssystem. Der Grad der organisatorischen Lernfähigkeit hängt damit maßgeblich von der individuellen Ausgestaltung der Organisationsform ab.
Durchlässigkeit der Strukturen (personelle Mobilität)	Die Spezialisierung auf Fähigkeiten und Kernkompetenzen wirkt zweiseitig: Einerseits ist die übergreifende Kooperation der eigentliche Sinn und Zweck der Leistungserstellung in einer NWO. Der Kontakt mit den Netzwerkpartnern ist intensiv, die relativ hierarchiefreie Zusammenarbeit führt zur Durchlässigkeit für Ideen und kann flexible Lösungen generieren. Andererseits ist die bereichsübergreifende Mobilität, wie bei der FO, auf wenige generische Funktionen beschränkt.
Fähigkeit zur Bündelung spezifischer Wissenspotenziale	Die NWO besitzt, durch ihre Grundstruktur, wesentliche Spezialisierungsvorteile infolge Realisierung fachlicher Lern- und Übungseffekte in den Fähigkeits- und Kernkompetenzzentren. Allerdings begünstigt die NWO den Zugang zu bereichsfremdem Wissen nicht. Dies ist durch die individuelle Ausgestaltung der Koordinationsinstrumente zu korrigieren. Die Etablierung von Parallelstrukturen führt evtl. dazu, dass die NWO strukturell gesehen an Komplexitätsgrenzen stößt.

8.2 Punktbewertung

Numerische Bewertung
Um die Weiterverwendung der Bewertungsergebnisse zu erleichtern (z. B. im Rahmen einer Nutzwertanalyse, vgl. Abschn. 8.3.2 oder in einer Visualisierung, vgl. Abschn. 8.3.3), empfehlen wir, *die verbale Bewertung zusätzlich in Punktwerte umzusetzen.* Dies geschieht mit Vorteil durch die zusammenfassende Einordnung der verbalen Bewertung auf einer ordinalen Skala und der Zuordnung von Punktwerten zu den Skalenausprägungen. Eine solche Skala kann z. B. folgende Form aufweisen:

- positiv = 5,
- eher positiv = 4,
- neutral = 3,
- eher negativ = 2,
- negativ = 1.

Zur besseren Abgrenzung der Aussagen ist auch der Einsatz einer einfacheren Skala denkbar (z. B. mit nur drei Ausprägungen). So ergibt sich für jede relevante organisatorische Alternative *ein verbales und ein numerisches Evaluationsprofil.*

8.3 Gewichtung der Effizienzkriterien

8.3.1 Vorbemerkungen

Die Entscheidung für eine Organisation
Besteht für jede in Betracht gezogene Alternative ein verbales und numerisches Evaluationsprofil, ist es an den Gestaltenden, auf dieser Grundlage einen Entscheid für die weiter auszuarbeitende und schließlich zu implementierende Organisationsform zu fällen. Wesentlich dabei ist, dass die *Bewertungskriterien nach den Bedürfnissen der konkreten Situation gewichtet* werden. Mit anderen Worten: Auch wenn die Bewertung einer Alternative A auf den ersten Blick insgesamt besser erscheint, kann nach einer entsprechenden situativen Gewichtung der Bewertungskriterien die Alternative B vorteilhafter sein.

Gewichtung berücksichtigt situative Einflussfaktoren
Dies bedeutet, dass je nach Art und Ausprägung der situativen Einflussfaktoren die Gewichtung durch die Entscheidungspersonen anders festgelegt wird. Die dazu nötige Endaufbereitung der Bewertungsdaten aus den Evaluationsprofilen für den Wahlentscheid zeigt nochmals deutlich, dass subjektive Einflüsse bestehen.

Empfehlungen

- Auch die hier beschriebene situative Gewichtung soll auf transparente und nachvollziehbare Art und Weise erfolgen.
- Als Entscheidungshilfe eignet sich dazu die Anwendung eines nutzwertanalytischen Verfahrens (vgl. Abschn. 8.3.2).

Beispiel: Gewichtung der Effizienzkriterien bei der Reorganisation einer europäischen Personentransportunternehmung

Zur Illustration der Gewichtung von Bewertungskriterien nach den Bedürfnissen der konkreten Situation greifen wir hier nochmals das in Abschn. 7.2 eingeführte Beispiel der Reorganisation einer europäischen Personentransportunternehmung auf. Die in Tab. 7.2 detailliert beschriebenen Effizienzkriterien wurden vom Management wie in Tab. 8.8 dargestellt gewichtet und begründet. ◄

Tab. 8.8 Gewichtung der Effizienzkriterien einer Personentransportunternehmung

Effizienzkriterium	Gewichtung	Begründung der Gewichtung
Orientierung an strategischen Geschäften	20	Zentrale Maxime der Reorganisation ist „Structure follows Strategy".
Klar abgegrenzte Verantwortungsbereiche	10	Voraussetzung für Führungsfähigkeit der Organisation und Minimierung von Reibungsverlusten.
Transparenz in den Unterstellungsverhältnissen	5	Ermöglicht effiziente Aufgabenerfüllung durch die Mitarbeitenden.
Marktnähe durch Kundenorientierung	18	Nähe zum Kunden (Auftraggeber) ermöglicht Aufbau von Vertrauen, Kundenbindung und erhöhte Marktchancen (Ausschreibungen).
Kosten des Managements	8	Disziplinierender Faktor, um schlanke Managementstrukturen durchzusetzen.
Nutzung von Synergiepotenzialen (Einsparpotenzialen)	18	Ausnutzung der Synergien ist zentral, um als Unternehmung kostengünstig anbieten zu können (erhöhter Verhandlungsspielraum).
Flexibilität, Innovations- und Anpassungsfähigkeit der Organisation	9	Voraussetzungen schaffen für allfällige Marktveränderungen (wird im Tagesgeschäft nicht direkt wirksam).
Merger & Akquisitions-Fähigkeit auf allen Stufen	7	Instrument zur Umsetzung der strategischen Ausrichtung mittels externer Partner (wird im Tagesgeschäft nicht direkt wirksam).
Entwicklungsmöglichkeiten in der Organisation	5	Sehr stark von weiteren Faktoren (z. B. Führungsstil) abhängig.

8.3.2 Gewichtung der Effizienzkriterien durch Nutzwertanalyse

Vorgehensweise bei einer Nutzwertanalyse
Zur Durchführung einer nutzwertorientierten Gewichtung von Organisationsalternativen empfehlen wir folgendes Vorgehen (detailliert zur Nutzwertanalyse vgl. Grochla 1982/1995, S. 401 ff.; Thom 1988, S. 342 ff.; Grünig und Kühn 2017, S. 97 ff. sowie Vahs 2019, S. 507 ff.):

1. Alle Effizienzkriterien, die von den Entscheidungspersonen als relevant eingestuft werden (d. h. die weiter vorne hergeleiteten Kriterien, die durch die Gestaltenden evtl. zusätzlich durch Modifikation, Ergänzung, Streichung oder Ersatz angepasst wurden), *sind in eine Tabelle einzutragen*.
2. Die eingetragenen Effizienzkriterien sind in der Tabelle *mit einer Zahl zu gewichten*. Die Summe der so allen Effizienzkriterien zugeteilten Zahlen muss insgesamt 100 ergeben. Diese *Gewichtung* soll die Präferenzen der Entscheidungsträger und Entscheidungsträgerinnen möglichst gut abbilden. Beim Festlegen der Gewichte fließen die situativen Einflüsse ein, die aus den relevanten Kontextfaktoren resultieren. Die Gewichtung ist damit nicht theoretisch begründbar, sondern letztlich *wahrnehmungsabhängig und subjektiv*.
3. Die im Rahmen der Punktbewertung (vgl. Abschn. 8.2) bestimmten *Punktwerte* pro Effizienzkriterium und Alternative sind in die Tabelle zu übertragen.
4. Die Gewichtung und der Punktwert pro Effizienzkriterium und Alternative sind zu *multiplizieren*, das Produkt ist ebenfalls in die Tabelle einzutragen.
5. Die so berechneten Produkte werden *abschließend pro Organisationsalternative addiert* und die Endsumme unterhalb jeder Alternative eingetragen.

Empfehlungen
- Zur Steigerung der Transparenz, Nachvollziehbarkeit und Akzeptanz ist die Nutzwertanalyse möglichst gemeinsam durch die Gruppe der Entscheidungspersonen zu erarbeiten, z. B. im Rahmen eines Workshops.
- Mit einem solchen Vorgehen wird insbesondere die wahrnehmungsabhängige und subjektive Gewichtung von allen getragen, was die Gefahr späterer „Störmanöver" gegen die gewählte Alternative stark mindert.
- Die Ergebnisse sind im Nachgang transparent zu dokumentieren.

Den beschriebenen Ablauf einer solchen nutzwertorientierten Analyse illustrieren wir hier für die hergeleiteten Effizienzkriterien anhand eines fiktiven Beispiels (vgl. Tab. 8.9).

Fiktive Nutzwertanalyse
Aus dieser hypothetischen Analyse ergibt sich folgende Reihenfolge der Wünschbarkeit: *Alternative 2 vor Alternative 3; am wenigsten geeignet ist Alternative 1.*

Tab. 8.9 Hypothetische Nutzwertanalyse als Beispiel

Nr.	Effizienzkriterien	Gewichtung	Alternative 1		Alternative 2		Alternative 3	
		(G)	P	G×P	P	G×P	P	G×P
1	Zielorientierung der Organisation	20	**3**	60	**4**	80	**2**	40
2	Förderung der Führbarkeit und Begrenzung des Koordinationsaufwandes	15	**2**	30	**4**	60	**3**	45
3	Schnelligkeit und Qualität der Informationsverarbeitungs- und Entscheidungsprozesse	10	**3**	30	**5**	50	**4**	40
4	Handlungs-, Anpassungs- und Innovationsfähigkeit der Organisation	20	**4**	80	**4**	80	**3**	60
5	Förderung der organisatorischen Lernfähigkeit (Kompetenzbündelungseffizienz)	20	**2**	40	**3**	60	**4**	80
6	Förderung der sozialen Effizienz und individuellen Lernfähigkeit	15	**4**	60	**2**	30	**5**	75
	Total	**100**		**300**		**360**		**340**

Legende: Nr. = Nummer des entsprechenden Effizienzkriteriums, G = Gewichtung, P = Punktwert, GxP = Produkt

Überprüfung der Sensitivität
Das Ergebnis der Nutzwertanalyse ist nach Möglichkeit mit einer sogenannten *Sensitivitätsanalyse* auf seine Robustheit zu testen (zur Sensitivitätsanalyse vgl. Schmidt 2014, S. 367; Capaul und Steingruber 2017, S. 556). Dabei wird überprüft, ob sich bei geringfügigen Änderungen von Punktwerten und Kriteriengewichten innerhalb gewisser Grenzen die Reihenfolge der Alternativen entscheidend verändern würde. Anders ausgedrückt: Es „[...] wird gefragt, bei welchen kritischen Werten die ausgewählte [d. h. die in der Rangfolge zuerst stehende] Alternative nicht mehr optimal ist" (Weber 1992, Sp. 1443, ergänzt durch die Verfasser). Sensitivitätsanalysen der Bewertungsergebnisse sind im Bewusstsein der zwischen den Effizienzkriterien existierenden Interdependenzen vorzunehmen (vgl. Abschn. 7.4).

Vorteile der Nutzwertanalyse
Das beschriebene nutzwertanalytische Vorgehen lässt sich im Einzelfall problemlos anpassen. Wichtig ist, dass die Hauptvorteile des Verfahrens gewahrt bleiben. Diese sind vor allem:

- Die *hohe Verdichtung unterschiedlicher Informationen* bei gleichzeitiger Gewährleistung der Übersichtlichkeit.
- Die *Transparenz und Nachvollziehbarkeit der angestellten Berechnungen* zur Bestimmung der Rangfolge der Alternativen.
- Die *Einheitlichkeit der Bewertung* durch die konsequente Anwendung klar definierter Effizienzkriterien auf alle Alternativen.

Einschränkung der Anwendbarkeit
Trotz ihrer Vorteile beinhalten nutzwertorientierte Analysen sowohl in ihrer Anwendung als auch durch ihre methodische Auslegung Probleme (vgl. hierzu detaillierter Thom 1988, S. 347 ff.; Schmidt 2014, S. 368). Wir erwähnen hier primär die Gefahr, dass solche Verfahren eine *Scheingenauigkeit bzw. Scheinobjektivität der Ergebnisse vortäuschen*, die in der Realität gar nicht existieren kann. Die Leistungsfähigkeit von Nutzwertanalysen ist daher eng mit der sorgfältigen Auswahl der Kriterien, der umsichtigen Zuweisung der Punktwerte und der gewissenhaften Gewichtung verknüpft.

8.3.3 Visualisierung der Beurteilungsergebnisse

Ein Problem in der Beurteilung unterschiedlicher Organisationsalternativen mithilfe der Nutzwertanalyse ist oft, dass *sich die am Evaluationsprozess beteiligten Personen zu stark auf die Endsumme pro Alternative fokussieren*. Ein solcher Fokus ist verständlich: Dank den Endsummen der Alternativen wird in der Nutzwertanalyse die Rangfolge der Organisationsformen erkennbar.

Wesentlichkeit einer ausgewogenen Diskussion bei der Wahl der Alternative
In den Hintergrund kann so aber eine ausgewogene Diskussion darüber geraten, wie die Endsummen zustande gekommen sind. Eine solche Diskussion ist zentral dafür, dass die Entscheidung für eine Alternative mit genügender Sicherheit und im Wissen um die genauen Gründe gefällt wird. Die für den Entscheid zuständigen Personen sollten unbedingt auch die Beurteilung der Alternativen pro Kriterium vergleichen und reflektieren.

Zwar werden die einzelnen Kriterien in der Nutzwertanalyse beurteilt. Die sich ergebenden Zahlenkolonnen sind als Basis für solche Diskussionen aber nicht gut eignet: Das reine Vergleichen von Punktwerten ist für viele Beteiligte zu abstrakt. Als hilfreich erweist sich hier regelmäßig die Visualisierung der Ergebnisse der Nutzwertanalyse *in einem Netzdiagramm bzw. in einem Spinnennetzdiagramm.*

Abb. 8.1 zeigt zur beispielhaften Illustration den in Tab. 8.9 dargestellten hypothetischen Vergleich der drei Alternativen *ohne Gewichtung der Kriterien.*

Abb. 8.2 zeigt den in Tab. 8.9 dargestellten hypothetischen Vergleich der drei Alternativen *mit Gewichtung der Kriterien.*

Dieser hypothetische Vergleich zeigt, dass die gewichtete Wahl von Alternative 2 v. a. auf ihre hervorragende Beurteilung bzgl. den Effizienzkriterien 1 „Zielorientierung der Organisation" und 4 „Handlungs-, Anpassungs- und Innovationsfähigkeit der Organisation" sowie der

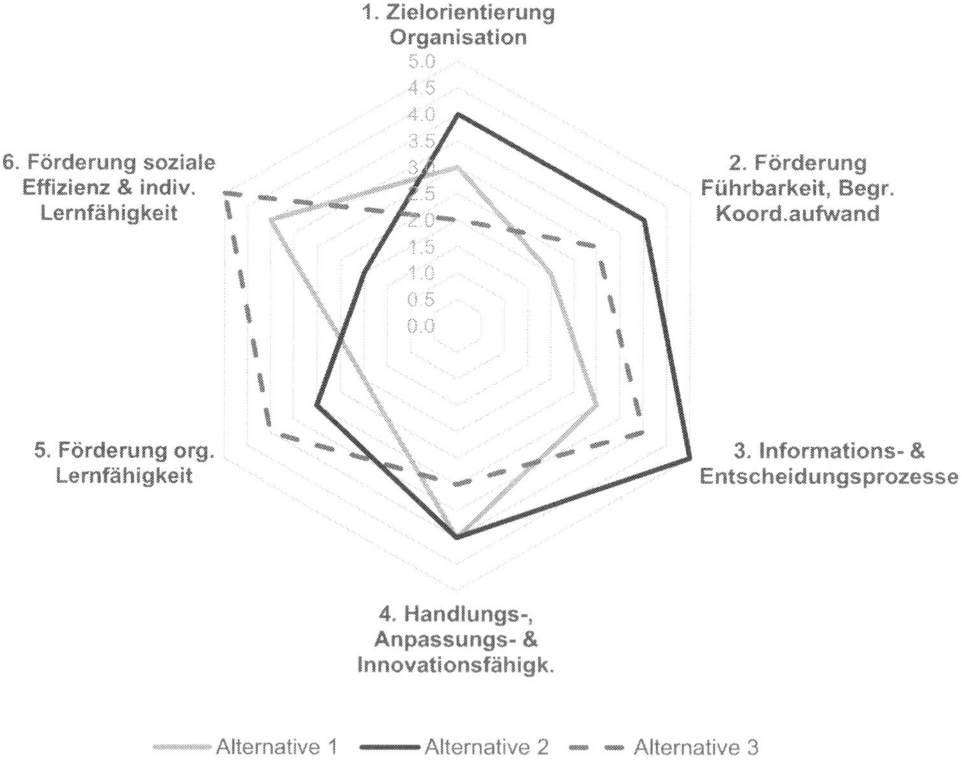

Abb. 8.1 Visualisierung der Beurteilungsergebnisse in einem Netzdiagramm (ungewichtet)

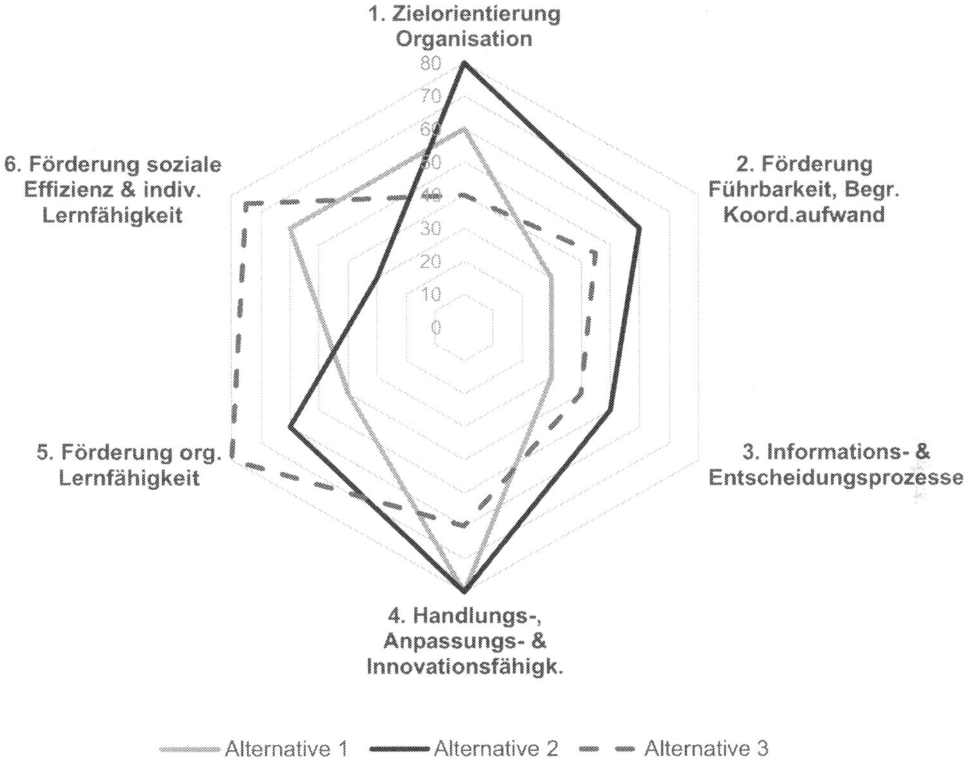

Abb. 8.2 Visualisierung der Beurteilungsergebnisse in einem Netzdiagramm (gewichtet)

gegenüber den anderen Alternativen relativ besseren Beurteilung des Effizienzkriteriums 2 „Förderung der Führbarkeit und Begrenzung des Koordinationsaufwandes" zurückzuführen ist. Weiter zeigt sich die geringere Bedeutung der Effizienzkriterien 5 (Förderung der organisatorischen Lernfähigkeit) und 6 (Förderung der sozialen Effizienz und individuellen Lernfähigkeit) für den Entscheid (deshalb gelangt die Alternative 3 auch nur auf den zweiten Platz).

Vorteile der Visualisierung in einem Netzdiagramm

Eine Visualisierung mit einem Netzdiagramm weist im Entscheidungsprozess einige gewichtige Vorteile auf:

- Das Instrument ist *allgemein bekannt*. Es wird in anderem Kontext z. B. auch immer wieder in der Presse verwendet, womit es durch die Beteiligten leicht interpretierbar ist.
- Es macht den *grafischen Vergleich der Bewertungen pro Kriterium einfach*, ohne dass die Gesamtbeurteilung in den Hintergrund tritt.
- Damit wird rasch feststellbar, ob das gute Abschneiden einer Organisationsform *ausgewogen auf mehreren Kriterien basiert* oder hauptsächlich *im überragenden Abschneiden in einem Kriterium.*

- Eine Darstellung ohne und mit Gewichtung der Kriterien nach den Bedürfnissen der konkreten Situation *illustriert den Gewichtungseffekt* eindrücklich.

Das Netzdiagramm reduziert zwar die Komplexität nicht. Es schafft aber deutlich mehr Transparenz und ermöglicht mit Sicherheit eine reichhaltigere und differenziertere Beratung über die zur Auswahl stehenden Organisationsformen.

8.3.4 Analytic Hieararchy Process (AHP) als Alternative

Neben der Nutzwertanalyse existieren weitere Methoden zur Entscheidungsfindung bei mehrfacher Zielsetzung. Zu verweisen ist beispielsweise auf das Verfahren *„Analytic Hierarchy Process" (AHP),* in dem die Zielgrößen (hier Effizienzkriterien) zunächst hierarchisch gereiht werden. Danach müssen die Entscheidungspersonen die Bedeutung der einer bestimmten Ebene zugeordneten Ziele (Effizienzkriterien) paarweise in Bezug auf die übergeordneten Ziele bewerten. Auf diese Weise lassen sich schließlich Zielgewichtungen ableiten (vgl. Saaty 1980, 1994). Für das AHP-Verfahren können die Anwender auf eine leistungsfähige Software zurückgreifen. Eine Anwendung auf die Auswahl von Organisationsformen ist durchaus möglich.

8.4 Prüfen der Realisierbarkeit

Aus organisatorischer Sicht *ist an dieser Stelle eine Empfehlung für eine der Alternativen formulierbar.* Mit der Bestimmung von Effizienzkriterien, der Erarbeitung eines verbalen und eines numerischen Evaluationsprofils sowie der abschließenden Gewichtung der Alternativen in einer Nutzwertanalyse (oder anderen Verfahren) mit begleitender Visualisierung liegen ausreichend fundierte Entscheidungsgrundlagen vor.

Prüfen der Umsetzbarkeit
Doch ist die auf diesem Wege als effektivste und effizienteste Organisationsform identifizierte Alternative auch umsetzbar? Um dies zu beurteilen, ist durch die Organisierenden *die Realisierbarkeit zu überprüfen.* Dabei wird unter anderem analysiert,

- ob der Unternehmung zur Umsetzung und anschließenden Aufrechterhaltung der favorisierten Alternative genügend *Ressourcen* (Infrastruktur, Mitarbeitende, Finanzmittel etc.) zur Verfügung stehen,
- welche *Konsequenzen* die Verankerung in die Unternehmungssysteme (Informationstechnologie, Rechnungswesen, Kostenrechnungssysteme etc.) mit sich bringen,
- welche *Kosten* für die Reorganisation zu budgetieren sind und
- ob die insgesamt anfallenden *Kosten* der organisatorischen Änderung tatsächlich kleiner sind als der durch die neue Organisationsform erwartete *Nutzen*.

Für die endgültige Wahl einer Organisationsform sind damit nebst der Ermittlung des organisatorischen Nutzens von Gestaltungsalternativen als Entscheidungsgrundlage auch die berechenbaren Kosten (Einführungskosten, Unterhaltskosten) der einzelnen Alternativen zu bestimmen und aus unternehmerischer Sicht gegeneinander abzuwägen.

Empfehlung
Es lohnt sich, das Thema Realisierbarkeitsstudien proaktiv anzugehen. Die übergeordneten Entscheidungsgremien (Geschäftsleitung, Konzernleitung, Aufsichts- bzw. Verwaltungsrat) messen erfahrungsgemäß insbesondere den finanziellen Auswirkungen einer Reorganisation hohes Gewicht bei. Der Grund liegt darin, dass solche Initiativen in der Regel größere Investitionen (ausgaben- und nicht ausgabenrelevant) erfordern und den Fokus der Unternehmung vom Markt und Kunden auf Internes leitet. Wesentlich ist dabei besonders die Belastbarkeit des zusammengetragenen Zahlenmaterials und der angestellten Berechnungen.

Frühzeitige Berücksichtigung der Realisierbarkeit im Auswahlprozess
Idealerweise wird die Realisierbarkeit nicht erst nach der Auswahl der besten Organisationsalternative überprüft, sondern direkt in den Bewertungs- und Auswahlprozess integriert (Parallelisierung, vgl. die fünfte Phase des organisatorischen Gestaltungsprozesses in Abschn. 3.4). Die Anwendbar- und Tragbarkeit der Organisationsmodelle wird so bereits früh im organisatorischen Gestaltungsprozess zum Thema und erlaubt, den Auswahlprozess effizienter und realistischer zu gestalten.

Nicht selten sind deshalb *Organisationskosten, Umsetzbarkeit und Akzeptanz einer neuen Organisationslösung Kriterien, die durch die Entscheidungspersonen direkt in den Vergleich der organisatorischen Alternativen eingebaut werden* (vgl. dazu das in Tab. 7.2 aufgeführte Beispiel einer Personentransportunternehmung). Dies ganz im Sinne des in Abschn. 7.2 beschriebenen Ergänzung oder Substitution der durch uns in diesem Werk vorgeschlagenen Effizienzkriterien. Wichtig ist, dass die entsprechenden Kriterien gut genug operationalisiert werden, um einen seriösen Vergleich zwischen den Alternativen zu ermöglichen.

Um Konsequenzen abzuschätzen, erweist es sich manchmal auch hilfreich, *Experimente und Tests in den organisatorischen Gestaltungsprozess einzubauen* (vgl. Wenger und Thom 2018, S. 106). Diese führen oftmals im Sinne von „Trial and Error" in kürzerer Zeit zu besseren Lösungen. Auch hier bietet sich die fünfte Phase des organisatorischen Gestaltungsprozesses (Bewertung und Auswahl vgl. Abschn. 3.4) an. Dort wird idealerweise ein Testing von Alternativen (oder Teilen davon) an der Realität eingebaut, um unrealistische Optionen rasch zu eliminieren.

Leider sind Experimente und Tests nicht immer möglich. Gerade auf Gesamtunternehmungsebene (Ebene der Unternehmung als Portfolio von Geschäften vgl. Abschn. 5.4) oder bei einer funktionalen Organisationsform sind die Möglichkeiten beschränkt, wenn die Reorganisation sich auf das Ganze bezieht.

Unsere Erfahrung mit ihnen ist jedoch, dass sie nebst besseren Lösungen in kürzerer Zeit bei den Entscheiderinnen und Entscheider auch sehr viel zum Verständnis für das Vorgehen und die erzielten Ergebnisse beitragen. Gut gemacht tragen sie zudem oft dazu bei, dass die Wahl einer optimalen Organisationsform von einer trockenen, teilweise sehr technischen Angelegenheit zu einem positiven und spannenden Teamerlebnis wird.

Literatur

Bach, Norbert, Carten Brehm, Wolfgang Buchholz, und Thorsten Petry. 2017. *Organisation. Gestaltung wertschöpfungsorientierter Architekturen, Prozesse und Strukturen*, 2. Aufl. Wiesbaden: Springer Gabler.

Bea, Franz X., und Elisabeth Göbel. 2019. *Organisation. Theorie und Gestaltung*, 5. Aufl. München: UKV.

Burton, Richard M., Borge Obel, und Dorthe Dojbak Hakonsson. 2015. *Organizational design. A step-by-step approach*, 3. Aufl. Cambridge: Cambridge University Press.

Capaul, Roman, und Daniel Steingruber. 2017. *Betriebswirtschaft verstehen. Das St. Galler Management-Modell*, 3. Aufl. Berlin: Cornelsen.

Frese, Erich, Matthias Graumann, und Ludwig Theuvsen. 2012. *Grundlagen der Organisation. Entscheidungsorientiertes Konzept der Organisationsgestaltung*, 10. Aufl. Wiesbaden: Gabler.

Grochla, Erwin. 1982/1995. *Grundlagen der organisatorischen Gestaltung*. Stuttgart: Schäffer-Poeschel. (unveränderter Nachdruck 1995).

Grünig, Rudolf, und Richard Kühn. 2017. *Prozess zur Lösung komplexer Entscheidungsprobleme. Ein heuristischer Ansatz*, 5. Aufl. Berlin: Springer Gabler.

Kates, Amy, und Jay R. Galbraith. 2007. *Designing your organization. Using the star model to solve 5 critical design challenges*. San Francisco: Jossey-Bass.

Saaty, Thomas L. 1980. *The analytic hierarchy process. Planning, priority setting, resource allocation*. New York: McGraw-Hill.

Saaty, Thomas L. 1994. How to make a decision: The analytic-hierarchy process. *Interfaces* 24(6): 19–43.

Schmidt, Götz. 2014. *Organisation und Business Analysis – Methode und Techniken*, 15. Aufl. Gießen: Dr. Götz Schmidt.

Schreyögg, Georg, und Daniel Geiger. 2016. *Organisation. Grundlagen moderner Organisationsgestaltung. Mit Fallstudien*, 6. Aufl. Wiesbaden: Springer Gabler.

Stanford, Naomi. 2015. *Guide to organization design. Creating high-performing and adaptable enterprises*, 2. Aufl. New York: Public Affairs.

Thom, Norbert. 1988. Organisationsmanagement. Bewertung und Auswahl einer effizienten Organisationsform für Unternehmungen. In *Funktionale Managementlehre*, Hrsg. Michael Hofmann und Lutz von Rosenstiel, 322–352. Berlin/Heidelberg/New York: Springer.

Thom, Norbert. 1990. Zur Effizienz der Matrix-Organisation. In *Zukunftsperspektiven der Organisation. Festschrift zum 65. Geburtstag von Professor Dr. Robert Staerkle*, Hrsg. Knut Bleicher und Peter Gomez, 239–270. Bern: Stämpfli.

Vahs, Dietmar. 2019. *Organisation. Ein Lehr- und Managementbuch*, 10. Aufl. Stuttgart: Schäffer-Poeschel.

Weber, Martin. 1992. Nutzwertanalyse. In *Handwörterbuch der Organisation*, Hrsg. Erich Frese, 3. Aufl., 1435–1448. Stuttgart: Schäffer-Poeschel.

Wenger, Andreas P. 1999. *Organisation Multinationaler Konzerne. Grundlagen, Konzeption und Evaluation*. Bern/Stuttgart/Wien: Haupt.

Wenger, Andreas P., und Norbert Thom. 2018. Auf der Suche nach der optimalen Organisationsform. In *ManagementWissen. Was Leader erfolgreich macht*, Hrsg. Markus Sulzberger und Robert J. Zaugg, 95–107. Wiesbaden: Springer Gabler.

Fazit und Ausblick

9

Zusammenfassung

Das neunte Kapitel fasst noch einmal die Leitgedanken der vorliegenden Publikation zusammen. Zugleich zeigen die Autoren die Grenzen des gegenwärtigen Wissensstandes auf. Die Möglichkeiten einer anwendungsorientierten Betriebswirtschaftslehre für die Zukunft werden beschrieben.

Positionierung auf der Themenlandkarte

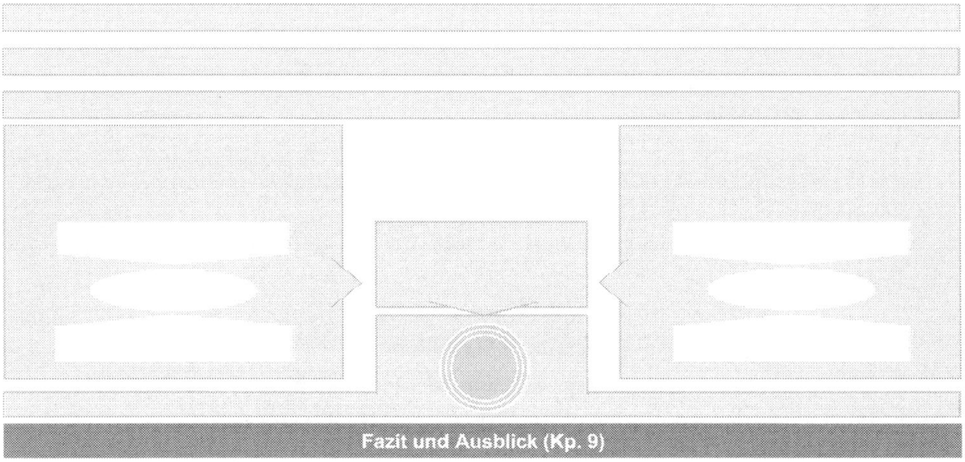

Die Abschätzung der Effektivität und Effizienz von Organisationsformen ist von *hoher unternehmungspolitischer Bedeutung*. Mit der Wahl einer leistungswirksamen Organisa-

A. P. Wenger, N. Thom, *Die optimale Organisationsform*, uniscope. Publikationen der SGO Stiftung, https://doi.org/10.1007/978-3-658-32716-3_9

tionsform werden die Voraussetzungen für die anforderungsgerechte Aufgabenerfüllung und die Aktivierung der Leistungsbereitschaft von personellen Aktionsträgern geschaffen.

Merkmale der Effizienzbewertung

Im Hinblick auf die Effizienz der Organisation sind nach von Werder überzeugende organisatorische Effizienzbewertungen durch drei Merkmale gekennzeichnet (vgl. von Werder 2004, S. 1092 ff.):

1. Die Leistungsfähigkeit organisatorischer Alternativen wird *anhand von Subzielen beurteilt*, d. h. es kommen operationalisierte Ziele bzw. Kriterien zum Einsatz, die deutliche Unterschiede aufzeigen können und mit den Gesamtunternehmungszielen konsistent sind.
2. Die Eignungsbeurteilung einer Organisationsform *berücksichtigt den Kontext der organisatorischen Gestaltung*, d. h. die relevanten externen und internen Situationsmerkmale.
3. Die Beurteilung ist *von den zugrunde liegenden Prämissen des menschlichen Verhaltens abhängig*, da die konkret gewählten organisatorischen Regelungen nur über das Verhalten der Aktionsträger wirksam werden.

Vorgehen bei der Bewertung von Organisationsformen

Übereinstimmend mit diesen Aussagen und im Sinne der heute vorherrschenden pragmatischen Auseinandersetzung mit der Thematik dürfte bei der Bewertung organisatorischer Alternativen *folgendes Vorgehen konsensfähig* sein:

1. Zunächst *sind die Situation zu kennzeichnen*, in der die Bewertung vorgenommen werden soll (möglichst klare Strukturierung der relevanten externen und internen Einflussfaktoren der organisatorischen Gestaltung) und die *bestehenden Problemfelder zu bestimmen* (Diagnose).
2. Anschließend werden die bestehenden Soll-Vorstellungen im Hinblick auf die Effektivität der möglichen Alternativen *in Gestaltungsprinzipien (Design-Kriterien) verdichtet*.
3. Danach sind die *möglichen alternativen Organisationsformen* zu generieren und beschreiben.
4. Es sind dann *die Maßstäbe zu definieren*, mit deren Hilfe die Effizienz von Organisationsformen abgeschätzt werden soll (Begründung der Effizienzkriterien).
5. Schließlich können *zu erwartende „Erträge"* der Organisationsformen im Hinblick auf die einzelnen Effizienzkriterien ermittelt und dargestellt werden.

Einfluss personalwirtschaftlicher Instrumente

Die Wirkung von organisatorischen Regelungen kann nur dann mit hinreichender Genauigkeit eingeschätzt werden, wenn möglichst *gut fundierte Kenntnisse über Motive, Einstellungen, Werte, Fähigkeiten und Verhaltensmuster der betroffenen Menschen* vorhanden sind. Die Qualität der organisatorischen Effizienzabschätzung im konkreten Fall hängt demzufolge in erheblichem Umfang vom Ausbauzustand des Personalinformationssystems ab (z. B. basierend auf Mitarbeiterbeurteilungen und -befragungen). Die organisatorische Gestaltung *profitiert folglich vom Entwicklungsstand der personalwirtschaftlichen Instrumente*.

Relevanz der Einführungsart

Eine hohe Bedeutung für die Wirkung organisatorischer Regelungen *hat der Prozess ihrer Einführung*. Art und Ausmaß der Partizipation, Information und Schulung sind von organisatorischen Gestaltern und Gestalterinnen bewusst zu reflektieren und situationsgerecht einzusetzen. Die Organisierenden haben auszuwählen, wie sie den Wandlungsprozess steuern wollen. Dabei steht ihnen zwischen den Extrempunkten „Machtstrategie" und „Partizipationsstrategie" ein ganzes Kontinuum von Vorgehensweisen zur Verfügung (vgl. Bea und Göbel 2019, S. 473 f.).

In selbstkritischer Distanz zum vorgestellten Verfahren der Bewertung und Auswahl von Organisationsformen halten wir fest: Beim Versuch zur Kalkülisierung des Bewertungsprozesses treten die Problemstellen sehr viel deutlicher zutage als bei rein verbalen Verfahren, die Probleme mit Argumentationskunstgriffen überdecken können. Wegen der angedeuteten Informationsdefizite (sei es wegen mangelndem Zusammenhangswissen oder wegen unzureichender Kenntnis einzelner Einflussgrößen) kann dem Verfahren *nicht das Attribut der „empirischen Wahrheit"* hinsichtlich der Erklärung des Bewertungsprozesses zugeordnet werden. Es dürfte ihm jedoch *kaum seine Nützlichkeit für die Bewältigung einer hochkomplexen Entscheidungssituation abzusprechen* sein.

Komplexitätsbewältigung und Brauchbarkeit sind aus der Perspektive eines pragmatischen Wissenschaftszieles Eigenschaften von hohem Rang. Die am Bewertungsprozess Beteiligten erhalten bei Anwendung dieses Verfahrens mehr Klarheit über ihre eigenen Effektivitäts- und Effizienzvorstellungen und einen vertieften Einblick in die organisatorischen Wirkungszusammenhänge.

Dies ist umso wichtiger, weil sich wahrscheinlich trotz weiteren Forschungsbemühungen und -erkenntnissen auch in Zukunft nichts am herrschenden Zustand divergierender Meinungen in der Effizienzforschung ändern wird. Neben unterschiedlichen theoretisch-konzeptionellen Effizienzansätzen spricht die Tatsache eine deutliche Sprache, dass auch die Organisationstheorie bis heute alles andere als eine homogene Disziplin mit einem einheitlichen, Forschung und Gestaltung leitenden Paradigma ist (vgl. Scherrer und Marti 2019, S. 17).

Von der Wissenschaft zur Praxis – und von der Praxis zur Wissenschaft

Vor diesem Hintergrund ist zu fragen, ob eine anwendungsorientierte Betriebswirtschaftslehre nicht weitere Möglichkeiten hat, Beiträge zu praktischen Problemlösungen zu erbringen. Wo ist anzusetzen, um die Qualität der Instrumente und Prozesse (und letztlich Ergebnisse) in der andauernden Suche nach leistungswirksamen Organisationen weiter zu verbessern? Wir vertreten dezidiert die Auffassung, dass *der Transferprozess zwischen*

Wissenschaft und Praxis sowie zwischen Praxis und Wissenschaft dazu einen hervorragenden Ansatzpunkt darstellt, der in Zukunft erhöhte Aufmerksamkeit verdient.

Hierzu bedarf es aber persönlicher Anstrengungen der am Thema Interessierten. Denn am Anfang steht das tief greifende Verständnis für die andere „Lebenswelt" mit ihrer eigenen Rationalität, ihren Mechanismen und Interessen, ihren Stärken und Schwächen (aufschlussreich sind in diesem Zusammenhang immer noch die von Kieser formulierten, kritischen Gedanken zum Verhältnis zwischen den Systemen der Betriebswirtschaftslehre, der Management Consultants und den Unternehmen (Kieser 2002)). Seminare und Vorträge, qualitative und quantitative Empirie, Weiterbildungskurse und weitere Berührungsforen zwischen den Welten der Wissenschaft und Praxis kratzen nur an der Oberfläche. Sind sie nicht vielleicht Ausdruck einer überholten Arbeitsteilung? Es bedarf einer verstärkten Koordination auf das gemeinsame Ziel hin, nämlich der Schaffung theoretisch fundierter, stringenter und zugleich praktischer Hilfestellungen.

Eine gemeinsame Aufgabe

Zum effektiven Verständnis der relevanten Wirkungszusammenhänge gehört nicht zuletzt persönliches Erleben. Die Weiterentwicklung der hier vorgelegten Gedanken zur Schaffung und kontinuierlichen Erhaltung effektiver und effizienter Organisationen ist und bleibt eine gemeinsame Aufgabe von Praxis und Theorie.

Nur in Kooperation und Interaktion von Wissenschaft und Praxis kann dieses herausfordernde Problem der „optimalen Organisationsform" noch besser gelöst werden.

Literatur

Bea, Franz Xaver, und Elisabeth Göbel. 2019. *Organisation. Theorie und Gestaltung*, 5. Aufl. München: UVK.

Kieser, Alfred. 2002. On communication barriers between management science, consultancies and business organizations. In *Critical consulting. New perspectives on the management advice industry*, Hrsg. Timothy Clark und Robin Fincham, 206–227. Oxford/Malden: Wiley-Blackwell.

Scherrer, Andreas G., und Emilio Marti. 2019. Wissenschaftstheorie der Organisationstheorie. In *Organisationstheorien*, Hrsg. Alfred Kieser und Mark Ebers, 8. Aufl., 17–44. Stuttgart: Kohlhammer.

von Werder, Axel. 2004. Organisatorische Gestaltung (Organization design). In *Handwörterbuch Unternehmensführung und Organisation*, Hrsg. Georg Schreyögg und Axel von Werder, 4. Aufl., 1088–1101. Stuttgart: Schäffer-Poeschel.

Stichwortverzeichnis

A. P. Wenger, N. Thom, *Die optimale Organisationsform*, uniscope. Publikationen der SGO Stiftung, https://doi.org/10.1007/978-3-658-32716-3

FSC
www.fsc.org
MIX
Papier | Fördert
gute Waldnutzung
FSC® C083411

Zeitfracht Medien GmbH
Ferdinand-Jühlke-Straße 7
99095 Erfurt, Deutschland
produktsicherheit@kolibri360.de